Get closer than ever to your customers. So close that you tell them what they need well before they realize it themselves.

Steve Jobs

比以往更接近你的用户，接近到在他们意识到自己需要什么之前告诉他们需要什么。

史蒂夫·乔布斯

逻辑 与 规律
辑

用户体验
设计法则
User experience

孔雅轩（LineVision）

/

编著

人民邮电出版社
北京

图书在版编目（CIP）数据

规律与逻辑：用户体验设计法则 / 孔雅轩编著. --
北京：人民邮电出版社，2020.4（2022.1重印）
ISBN 978-7-115-52234-4

Ⅰ. ①规… Ⅱ. ①孔… Ⅲ. ①人-机系统－系统设计
Ⅳ. ①TP11

中国版本图书馆CIP数据核字(2019)第297715号

内 容 提 要

　　本书较为系统地讲解了用户体验设计师的职能及价值体现的方法，由点到面地分析了用户体验设计的方法与技巧，目的是让读者能够全方位地进行学习，使自己在互联网行业变化如此迅速的当下不被淘汰。

　　全书分为8章。第1章对用户体验的概念、用户体验设计师的职责与价值等内容进行了分析；第2章主要对App设计中的基础规范进行了系统全面的讲解；第3章讲解了视觉体验基础理论；第4章讲解了视觉体验的进阶内容；第5章主要让读者了解交互体验基础阶段的内容；第6章通过对交互设计中"可用性""易用性""好用性"3个阶段的讲解，让读者对交互设计进阶阶段的知识有所认知；第7章从情感化体验出发，教读者懂得如何给产品增加"温度"，拉近用户与产品之间的距离；第8章主要教读者如何持续地进行自我提升，并且真正具备用户体验设计师的气质。

　　本书适合准备从事或正在从事用户界面设计、用户体验设计及交互设计工作的人士学习和使用。

◆ 编　　著　孔雅轩（LineVision）
　　责任编辑　赵　迟
　　责任印制　马振武

◆ 人民邮电出版社出版发行　　北京市丰台区成寿寺路 11 号
　　邮编　100164　　电子邮件　315@ptpress.com.cn
　　网址　http://www.ptpress.com.cn
　　天津图文方嘉印刷有限公司印刷

◆ 开本：690×970　1/16
　　印张：16.5　　　　　　　　　2020 年 4 月第 1 版
　　字数：423 千字　　　　　　　2022 年 1 月天津第 2 次印刷

定价：129.00 元

读者服务热线：(010)81055410　印装质量热线：(010)81055316
反盗版热线：(010)81055315
广告经营许可证：京东市监广登字 20170147 号

推荐

这个时代最不缺少的是信息，然而太多的"声音"反而容易让我们感觉到迷惘。用户界面究竟是什么？是图标吗？是插画吗？是交互吗？需要会 Cinema 4D 吗？我们很多时候感到迷惘是因为没有经历过，只能靠想象，越想越迷惘，越想越焦虑。本书作者雅轩用多年在一线互联网企业积累的实战经验来告诉读者用户界面是什么，并教会读者如何从迎合用户到引导用户，以传递用户界面设计的价值。目前，雅轩在虎课网拥有 8000 多名粉丝和 200 多万的人气，他被学员评价为一个务实且有趣的人。他不仅教人方法，还会引领人的思路。这样一位有实战经验且有教学思维的人精心撰写的图书，有什么理由不拜读呢？

——虎课网 CEO 祖丹

对于互联网行业中的产品设计而言，用户界面交互、视觉已经从单一的互联网拓展到更多的场景，这是第一个变化；用户体验设计的大量传统工作已经被一些工具所替代，用户界面设计已经从最开始单纯的图形界面的处理能力模型转变为带有真正同理心和产品思维并以用户行为设计为核心的能力模型，这是第二个变化。阅读雅轩的这本书，会让你收获颇多。这是目前市面上难得的介绍符合未来用户体验设计师的能力模型和全面系统的用户界面设计知识的图书，推荐给大家。

——前阿里巴巴阿里影业视觉设计专家 孔晨

在移动互联网时代，用户体验设计师如何提升自己的核心竞争力？此书中有答案！

雅轩拥有多年的互联网行业从业经验和教育实践经验，并在不断实践的过程中总结出了一套独特的方法，同时在各大平台上发布了很多用户体验设计方面的文章，分享了种种用户体验设计历程，帮助了不少想要从事用户体验设计的人和刚入门的用户体验设计师。

本书中，雅轩紧密结合当下，循序渐进地把自己对用户体验设计的经验感悟、设计逻辑，以及在项目执行中如何从多个角度去提升产品体验的方法分享出来。这是一本具有很高价值的互联网用户体验设计的指导教程，值得互联网行业的设计师阅读与收藏。

——巧匠设计总监 潜云

他序1

在我创办"像素范儿"的这 4 年，或者说在我从事设计教育培训的这 7 年中，我一直都在物色一本能够真正帮到想要从事用户体验设计的人的图书。平日里，也有很多人向我征求过意见，什么样的图书才是现阶段学习提高较为便捷且系统的用户界面设计图书。

2016 年，我接触到本书的作者孔雅轩，当时感觉他对很多问题的思考都与众不同。从那时起，我就经常与他讨论关于产品、交互和用户界面设计方面的一些问题，逐渐发现他对于设计行业的理解和认知是如此深刻和透彻。

在成功地走上用户界面设计这条路的过程中，作者其实也走了很多弯路。在这个浮躁且速成的时代，他总是选择"最笨"且"最慢"的获取知识的方式来进行自我提升。在一线互联网公司执行层工作 3 年，他为了解执行层的各种工作内容而主动加班，让自己的工作量不断增加，甚至主动去尝试做大量的变化，以切实换取那些真材实料的知识。在设计师构建影响力方面，他实打实地去经营在全球颇具影响力的 Behance 网站的个人账号，并且为自己争取过标签推荐，在国内为人熟知的设计网站"站酷网"和产品文章网站"人人都是产品经理"上，更是发布了数篇热门文章。

他所做的这一切为写出一本真正落地的互联网用户界面设计教程奠定了基础。这 3 年的时间里他所做的一切，在这个本来就很新、变化很快的行业里是非常大的一笔投入，或者对于更多的知识输出者来说，这更像是一场冒险。

在我真正读完这本书之后才知道，孔雅轩的这些努力真的是值得的。本书所呈现的是互联网设计行业中既直接又纯粹的知识内容，也可以说是读者了解互联网设计或是进入互联网行业的"敲门砖"，甚至是能让读者在用户体验设计这条路上走得更远的导航仪。

不仅如此，在读本书的时候，我发现作者还预留了很多接口，就像是乐高积木，在产品方向、运营方向、动效方向及实现方向都做了黏合新的知识的接口，为读者在未来的设计之路上有更大的发展提供了空间。

像素范儿创始人　李泽同

他序2

在我写这段序的时候，其实还没有和孔雅轩见过面，就好像和大部分设计做得好的设计师的关系一样，都是在看到他们好的作品之后主动联络并成为好友的。虽然我们之间平日里聊得很少，偶尔聊也只是聊一些与设计、工作相关的话题，但是我们都默默地关注着对方的发展，并且互相学习，惺惺相惜。

曾经，我在设计网站上看到了孔雅轩发布的体验设计的相关文章，受其内容吸引才添加了他为好友。他所阐述的体验设计方法的相关内容，刚好和我工作多年后慢慢总结出来的经验相契合，并且他的很多设计方面的归纳方法是值得我学习的。作为新一代的设计师，能够有如此细致的设计方法归纳，实在让人非常赞叹和钦佩。

本着对孔雅轩个人的认可，我写了这篇序。我非常认同"设计中视觉、交互都存在一定的规律和逻辑"这种观点。当设计师能够熟练掌握一些相关的设计规律之后，无论做什么设计创新都会更加准确和有效率。总结这些规律需要通过对大量的实际工作和行业案例进行分析和论证，而每完善一个逻辑，都需要付出极大的精力。如果已经有人总结出了相关的设计规律和逻辑供我们学习，那我们就不要轻易错过。这也是我推荐这本书的原因。

在此，祝更多的设计师朋友能够在设计的道路上走得更远，并且每个人都能归纳出属于自己的设计规律与逻辑。

UC 创新部设计专家 张晓明

自 序

能为互联网设计行业写一本书，我感到很欣慰，同时也感受到了莫大的压力。令人欣慰的是，我终于可以把这么多年积累的行业经验通过这样一种方式进行体系化的总结，并阶梯化地分享出来；而压力则是因为这个行业实在太新锐了，产品的功能迭代几乎不给设计师足够的思考时间。在诸多设计师还在纠结移动界面设计扁平化更好还是轻拟物风格更好时，各种新兴词汇早已如泉涌般让人应接不暇，如"产品思维""以用户体验为中心的设计""以用户增长为中心的设计"及"双钻石模型分析法"……甚至在我撰写这本书之前，很多我寻找到且自认为比较完善的用户体验设计规律，也在一次次的迭代发展中不断被打破。

而我始终相信，用户体验设计一定是有规律可循的。只要掌握了这些规律，就可以设计出体验感较好的产品。不管是视觉体验还是交互体验，甚至用户对于产品的情感都是可以主观去营造的。本书算是我的一个阶段性的成果，通过对未来互联网行业的感知，塑造出未来用户体验设计师的能力模型——从技法到"招式（理论实际应用）"。对于用户体验设计来讲，"招式"的地位远比技法要高得多。不管多么复杂的动效，多么细腻的图标，在技法上都很难做出差异。当然，差异化也没有必要体现在技法的复杂程度上。那么，好的用户体验设计师应该具备哪些素质呢？不如让我们先概述一名中高级用户体验设计师真正的职责，也就是最终目标是什么。例如，外卖类产品，用户研究人员收到用户的反馈——"订餐之后感觉送餐人员送餐时间过长而导致体验过差"。用户会想到的解决方案就是"给外卖小哥每人配一台大功率的摩托车"甚至"给外卖小哥修一条专道"，然而这些解决方案对于产品来讲是很难实现的。但产品需求就是帮助用户解决这个问题，从而减少用户的流失。具体应该怎么办呢？从用户体验设计师的角度来说，或许在产品内增加一个"准时达"功能就可以了。着急用餐的用户勾选"准时达"功能，并且象征性地付一小部分费用，这样既能满足着急用餐用户的需求，又不会让外卖小哥太为难。这种处理方案最终也能解决用户流失的问题。当然，这个想法的落地本身也是体验上的一种创新。

在本书中，我将用户体验设计师的职责细化为规范、视觉、交互及情感等分支，旨在帮助读者从基础逐渐进阶到高级体验设计。通过对规范的学习，读者可以对"一个好的设计稿应该具备哪些规范要素"有一个明确的认知。对于用户体验设计来讲，视觉设计能力是基础，也是必须要学习和掌握的技能。针对交互这一块，首先是让读者了解互联网产品线的工作流程和用户界面中动效设计的方法与技巧，然后通过对交互设计中"可用性""易用性"与"好用性"3个阶段内容的讲解，让读者对交互设计有一个循序渐进的认知。好的交互设计与漂亮的视觉设计可以让用户高效且流畅地使用一个产品。如果基于交互与视觉再给产品加入一些情感化的设计，那么产品就可以在更大程度上提高用户的黏合度和忠诚度。针对情感这一块，本书主要教读者懂得如何给产品增加"温度"，并拉近用户与产品之间的距离。

关于体验设计师的前景，这里我用一句话来形容："在未来，你可以不从事设计，但你肯定绕不开互联网。"

孔雅轩（LineVision）

2019 年 10 月 29 日写于济南

在移动互联网发展初期，元素绘制能力是拉开初级和高级用户体验设计师之间差距的主要因素。随着设计语言扁平化时代的到来，设计师之间的差异化变得不再那么清晰，甚至有人将视觉设计师、界面插画师与用户体验设计师混为一谈，使得大批设计师都寻不到自己的方向……随着互联网技术的飞速发展，用户体验设计的职能在几经"洗礼"之后变得越发清晰。设计师的能力、打造产品的高效性及优质的用户体验是目前很多一线互联网用户体验设计师团队的核心价值所在。

设计没有固定的起点，也没有明确的终点

"一本书能给我带来多少价值？""我需要读多少本书才能把设计学完？"很多读者翻开这本书的时候，会问自己这两个问题。关于这两个问题，答案正如笔者说的一句话——"设计没有固定的起点，也没有明确的终点"。

设计并不像爬山，爬山时，我们可以清楚地知道自己距离山顶还有多远，并知道还有多久可以爬到山顶。随着设计市场的不断变化，设计师也很难预知 5 年后的设计到底应该是什么样子，就如在 iOS 7 系统诞生之前，拟物写实风格的系统主题就是互联网设计的趋势。因为当时 Apple 手机高清屏幕独树一帜，拟物写实风格的主题可以最大化地展示出高清屏幕的优势。而 iOS 7 系统诞生之后，高清屏幕系统在市场上越来越普及，高清屏幕系统不再成为一种特定的优势。这次有划时代意义的系统迭代，是 Apple 强大自信的产物。那么，当时写实效果做得很好的一批设计师与跳过拟物风格直接开始学扁平设计风格的设计师相比，优势又在哪里呢？或许除了软件用得更为熟练以外，真的没有更多优势了。

设计就是如此，设计师之间比的不是存量，而是谁的增量大，谁接受新知识的能力更强。10 年前的设计会显得有些陈旧过时，而百年之前的设计在如今看来反而多了一些时尚与韵味。所以无论何时都要记住，设计没有固定的起点，也没有明确的终点。

一本书可以给设计师带来多少价值

设计学无止境。然而并不是说所有与设计有关的东西设计师都要去学，有针对性并且高效率地学习才是正确的学习方法。就像很多刚入门的用户体验设计师把本就珍贵的时间都用在了解从古至今的美术发展史，或者学习基础的素描头像、色彩静物，实则于设计而言效果并不显著。从核心内容学起，在核心知识掌握扎实之后再扩展知识层面，这是笔者认为比较科学的学习方法。

那么什么是核心内容呢？就像我们小学时学数学一样，每一种类型的题目只要学会解题思路就

可以举一反三，这个解题思路就是核心内容。设计也是同理，设计并不是纯感性的产物，尤其是商业设计不同于艺术创作，每一个设计行为都应该是有据可依的。本书就以深挖用户体验设计中的核心内容为出发点，正如书名一样，"规律与逻辑"是本书的核心内容，即中心点。

设计是感性的，有很多主观的情感在里面；设计又是理性的，美的东西不会无缘无故让人感觉美，而丑的东西也不会没有理由地让人感觉丑，这其中都是有规律的。感性认识是理性认识的基础。人的认识要经历两次飞跃，对于设计师而言，其成熟或许就在于感性到理性的转变。一个成熟的设计师喜欢运用大面积的留白来衬托界面中的主体物，让主体物能被用户直观地看到，并且让界面更具有层次感；而一个青涩的设计师则喜欢用大面积的留白来满足感性上的格调，除此再无其他。当然，理性的设计师并不是被规则捆绑的设计师。例如，有些设计师知道大红色代表着喜庆，所以在设计一些传统节日的启动页时会选择将大红色而不是深灰色作为主色调；而启动页中具体有什么元素以及各个元素要表达何种意义，就要感性地去思考了。

那么，一本书到底可以给读者带来多少价值呢？或许有的读者只希望通过本书对界面设计中的规范有所了解。而对于笔者来说，更多的是想让读者通过本书了解用户体验设计的核心内容，而非单纯的规范或工具讲解。在了解界面应该如何设计之后，更要了解为何要这么设计。即使设计风格与设计规范不断迭代，也都是基于设计的核心原则来进行的。

设计来源于生活

很多设计师都听过这样一句话——"设计来源于生活"。当设计师将设计做到一定的高度之后，会真真切切地体会到设计与生活的相通之处。

笔者喜欢音乐，也喜欢从音乐中寻找设计灵感，听觉与视觉在某些方面是相通的。一首好的曲子一般是跌宕起伏且具有韵律感和节奏感的，界面设计也是如此。一个好的界面设计可以给用户带来一场视觉盛宴。将自己的每一个作品都想象成一首歌，并且控制好视觉的轻重缓急（包括色彩的搭配、信息密度的调整，甚至包括情感的代入等）是一种不错的尝试。

前段时间，我的朋友设计了一套作品集让我帮忙看一下。这套作品集的设计做得很细致，一看就没少下功夫，可对作品集封面的处理却有些粗糙，甚至无设计感可言，这让作品集的效果大打折扣。设计来源于生活，设计作品集就像写一首歌曲，读者就像听众一样，需要一个鼓点让自己融入这个旋律。而在作品集中，封面对于读者来讲就是让他们融入这个旋律的鼓点，告诉他们："对，我的作品从这里开始"。

因此，设计和生活是息息相关的。我们要学会观察生活，留意生活中的每一个细节，找到生活与设计相通的地方，然后结合生活去细细体会设计中的规律与逻辑，这样才可以做好设计。

如何阅读此书可以使收获最大化

学设计就像学游泳，不实践永远不可能有大的提升。当然，在实践的同时也要对一些最基本的理论知识有所了解才行。

笔者想告诉广大读者的是，一本书并不能替代大学 4 年所学的知识，它能给你的甚至不如集训几个月的收获多。但请相信，如果用心地读完本书，一定能对用户体验设计有一个完整且深刻的认识。同时，本书中包含一些核心的设计规律和逻辑，可以让读者无论做什么风格的设计，都能够快速地驾驭并轻松完成，同时懂得如何快速地实现自我成长。书中还包含笔者个人的一些设计心得分享，相信这些内容可以让读者真正懂得设计师应该具备什么样的气质，最后步入并扎根互联网设计行业。

Contents
目录

第 1 章

初识用户体验设计

　　"用户体验设计"是一个广义的概念，本章就以生活中的用户体验设计为切入点，逐渐过渡到互联网产品中的用户体验，也算是对用户体验设计师能力模型的一种拆解。通过对本章的学习，读者可以了解平面设计师与用户体验设计师的区别，并且清楚一名好的用户体验设计师所应具备的技能与素质，以便之后带着明确的目标去学习用户体验设计的一些必备知识。

1.1 何为用户体验

用户体验（User Experience，UE）是用户在使用产品的过程中建立起来的一种纯主观感受。为了让大家更容易理解这一概念，下面笔者将用一些生活中的例子进行解析与说明。

1.1.1 生活中的用户体验

"用户体验"这个概念在早期的工业设计中颇受重视，从汽车的驾驶体验到厨房用具的使用体验，都属于用户体验的范畴。用户体验是可以随着科技水平的发展而不断优化的。例如，从前插线板的插口很多，但由于插口与插口之间的距离较近，在具体使用过程中，相邻的两个插口往往只能使用其中的一个。如今很多工业设计师都尝试着去解决这个问题，所以就有了现在各种各样的插线板／插座样式。如图1-1所示，这是一种伸缩式的、可以从多个面插入插头的立体插座。

图1-1

经常订外卖比萨的人应该都知道，比萨盒子中间一般会有一个塑料的小支架，很多人都不知道这个支架的用途是什么。其实，就是这样一个小小的塑料支架，就可以让用户体验提升一个档次。比萨一般用纸盒包装，而刚做好的比萨温度较高，会不断地往外散发热气，这时如果直接放进纸盒，会导致纸盒软化，并且盒盖极容易与比萨粘连到一起。这时候，只要用一个小小的塑料支架将盒盖与比萨分隔开，就可以避免这种状况发生，如图1-2所示。

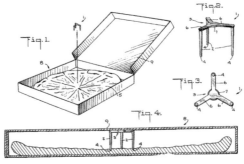

图1-2

以上说到的这些生活中的用户体验都是比较直观的。还有一些体验是很容易被人忽略但又很重要的，在日常生活中若能多加注意，也可以让用户体验提升不少。例如，用户订外卖若同时订了热菜与凉菜，卖家在打包菜品时，菜品的摆放顺序很重要。如果卖家将热菜放在下方，将凉菜放在上方，可能会导致凉菜被热菜散发的热气蒸热，从而影响口感；如果卖家将凉菜放在下方，将热菜放在上方，则可以使影响减小。

1.1.2　互联网产品中的用户体验

随着互联网技术的快速发展，人们使用的电子产品也越来越多，尤其是手机等。对于电子产品来说，其用户体验主要体现在以下 5 个方面。

● 易用性

要判断一款电子产品是否成功，要先检验它的易用性。易用性主要体现在以下 3 个方面：第一，尽量减少用户的学习成本；第二，提高交互效率，通过合理的布局和交互逻辑，让产品的每一个交互流程都具有足够的价值；第三，用尽量少的交互流程解决用户的需求。例如，当我们让用户填写一些个人信息时，可以给用户提供一些既定的选项，让用户在已有的选项中进行选择，这样比手动输入的体验要好得多，如图 1-3 所示。

图 1-3

● 容错性

要让一个电子产品使用起来方便，还要保证其有足够的容错性。容错性是指用户在进行错误操作之后，系统可以妥善地进行处理，并继续保持操作的流畅性，这是最基本的产品要求。例如，用户在使用百度的"关键词搜索"功能时，在输入关键词的环节出错，系统可以提示用户，并智能地猜测用户想要输入的词是什么，然后给予正确的提示，帮助其尽快完成搜索，如图 1-4 所示。

图 1-4

● 产品视觉

产品视觉可以营造或者左右用户的心理感受，主要体现在两个方面。第一，产品的整体视觉感受是复杂还是简洁。例如，Apple 产品从工业设计到包装设计都遵循着"极简设计"这个原则。设计的本质是让信息能够更完美、更直观且更优雅地进行传递。只要达到了这个目的，其他的元素就都显得多余了。第二，产品的色彩使用和搭配是否合适。不同的色彩使用和色彩搭配可以给产品带来不一样的视觉感受。例如，某公司想要推出一款代表"官方权威"的手机产品，其手机外观则通常会采用黑色、深蓝色等偏稳重的颜色，而避免使用粉红色和黄色等颜色。同时，对于电子产品的用户而言，他们对产品的色彩是有心理预期的。例如，当手机电量不足时，会出现红色屏幕提醒，如图 1-5（左）所示；而当手机连接上充电器时，会出现绿色屏幕提醒，如图 1-5（右）所示。

图 1-5

● 版式表现

版式表现是产品视觉设计不可或缺的一部分。版式的好坏不仅会影响用户体验，还会在很大程度上影响程序开发的效率。版式越有规律和逻辑，开发效率会越高；版式越混乱且多样化，开发效率会越低。互联网产品设计中的版式多种多样，如卡片式、列表式、抽屉式、标签式及瀑布流等，不同的版式适用于不同属性的产品。例如，针对"淘宝"这种体量较大且单个界面内容较多样化的产品，就可以用卡片式的设计来承载信息，让信息更清晰规整，如图 1-6（左）所示。而内容类产品相比"淘宝"这种电商类产品框架较为简单，所以信息之间多使用细分界线来进行版式分割，如图 1-6（右）所示。

图 1-6

● 情感化体现

在互联网产品设计中，情感化设计同样是用户体验设计师在工作过程中要不断去思考的。运用情感化设计，可以拉近用户与产品之间的距离。一个进行过情感化设计的产品是有活力的，其主要体现在有趣的图案或文案上。用户一般不喜欢与冰冷的机器交流，而更喜欢有"温度"的事物。例如，我们如果不忙的话，在"淘宝"中下单之前，都喜欢与客服聊上几句，顺便砍砍价。这件事看起来只是与讨价还价相关，然而事实并非如此，其本质上体现了线上交易也需要有人与人沟通的环节。这个沟通环节的存在，让买家对卖家产生信任感，这时候如果客服表现得足够好，促成订单是很容易的事情。设想一下，在淘宝买衣服时，如果我们同时挑选了 3 家店里的衣服，本来对这几件衣服喜欢的程度都差不多；在试图与客服交流时，第 1 家客服没有回复，第 2 家是系统自动回复，第 3 家是客服亲自回复，这时我们会更倾向于在第 3 家店铺下单。因为相比其他两家，这家店铺有人主动与我们沟通，让我们感觉到这家店是有"温度"的，如图 1-7 所示。

图 1-7

这些情况在互联网产品中同样需要注意。例如，有关产品的提示性文字如果让人感到太过冰冷，就会让用户在心理上对产品产生距离感。即使是因用户自身操作不当而产生的错误反馈，也需要进行情感上的优化。常见的如一些界面为空时、需要用户进行二次确认时出现的一些提示信息等。如图 1-8 所示。

图 1-8

情感化设计贯穿用户体验设计的整个过程。虽然手机是一部机器，软件本身也是没有生命的，但情感是可以被设计的。如今，很多产品喜欢把情感寄托在卡通形象上，如"京东商城"的卡通狗（左图）、"斗鱼 TV"的卡通鲨鱼（中图），以及"美团外卖"的卡通袋鼠（右图）等，如图 1-9 所示。通过卡通形象，我们可以赋予产品生命力，让用户更容易记住我们的产品品牌，并更加关注我们的产品。

图 1-9

1.2 用户体验设计与平面设计的区别

有时，人们喜欢将用户体验设计师与平面设计师的工作进行比较，主要原因是国内太多的用户体验设计师是平面设计师出身。初学者会认为这两者的区别就是，平面设计作品需要制作成实物，而用户界面设计成果是显示在手机中的。而实际上，这两者单在需要思考的内容上就有很大的区别。

平面设计师设计的作品一般用于在短时间内传达信息。例如，在设计一张海报时，如何通过这张海报吸引用户关注，并且在较短时间内将一些广告信息清楚地传达给用户，是平面设计师需要着重思考的。而且这些信息仅通过视觉传达就可以了，不需要用户进行操作。因此，平面设计的核心是制作传达信息的媒介。对于用户体验设计师来说，视觉体验仅是需要思考的一小部分内容。如何让产品好看且适合长时间浏览，同时不会让用户感到疲劳，又能让产品通过信息层级的梳理和版式设计传达出重要的信息，使用户可以更清晰直观地进行交互，是用户体验设计师需要思考的内容。因此，用户体验设计的核心是制造解决需求的工具。

从平面设计刚转入用户体验设计的设计师，往往会存在这样的疑惑："为什么界面中很少会用到那些视觉冲击感较强的设计，而在设计中会更注重处理信息层级、像素对齐，以及界面设计规范等因素呢？"在平面设计中，一张海报可以有足够多的留白来突出主题。而在用户界面设计中，有一个很重要的概念叫作"交互效率"，即用户希望在一个界面中，在视觉效果舒适的情况下，看到尽可能多的内容。尤其是电商类产品，用户在挑选商品时总是希望一屏能展示更多的信息。而如何在确保交互效率的同时，还能让界面视觉效果舒适，是用户体验设计师需要重点关注的工作内容之一。

为了让大家能够更明确地了解用户体验设计与平面设计的区别，下面笔者将从内容响应式、长时间停留、阅读效率及层级多样化这4个方面去进行分析，如图1-10所示。

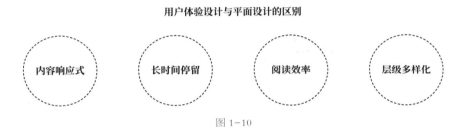

图 1-10

1.2.1 内容响应式

对于用户界面设计来说，其内容的呈现有很多不确定性。例如，在同一界面中可能出现两行文字，也可能只出现一行文字；有可能文字特别长，也有可能没有文字。同时，考虑到屏幕宽度有限，在版式设计中需要考虑边缘的容错处理。平面设计中的版式和内容则相对固定。如图1-11所示，平面设计中的名片设计内容较为固定，版式就可以固定一些，见左图；而用户界面中的个人中心界面设计则考虑到了用户名字与数据内容过长时该如何容错的问题，见右图。

图 1-11

1.2.2 长时间停留

用户在使用业务类 App 时，一般会长时间停留并花较多的时间去选购商品。用户在使用内容类 App 时，一般平均停留的时长会在 7 分钟以上。基于这一点，设计师在进行用户界面设计时，版式往往主要讲究规整和耐看。而当用户在看一些平面设计作品（如海报、卡片或包装设计等，图书除外）时，往往不会有长时间浏览的习惯，因为它们只是为了在短时间之内完成信息的传达。如图 1-12 所示，左图为海报设计版式，右图为用户界面设计版式，两者的区别是海报信息传达明确清晰，而用户界面设计则显得规整、耐看一些。

图 1-12

1.2.3 阅读效率

对于用户界面设计来讲，每一个界面的存在都是为了完善一个交互流程。同时，针对需要用户批量获取信息的界面设计，如果设计上太过形式感，会降低用户的阅读效率。因此，用户界面设计中的版式通常都较为紧凑且易读性较高。而在平面设计中，其内容会相对独立、固定一些。如图 1-13 所示，图书的封面（左图）可以通过大面积留白设计来突显图书的格调，而内容类 App 界面版式设计（右图）则需要紧凑、易读一些，以此来提升阅读效率。

图 1-13

1.2.4 层级多样化

一种产品需要传递给用户的信息较多，信息层级随之也较为多样化。如果在同一个界面中，不同表意的信息版式层级相同，就容易加大用户误操作的概率。同时，多样化的信息层级需要使用不同的版式呈现出对比，并保持界面的整体性和统一性。平面设计中的信息数量固定且信息层级一般较少。如图 1-14 所示，在用户浏览平面海报（左图）时，由于需要了解的信息较少，因此海报展示的信息一般也较少；在用户浏览租房类 App 界面（右图）时，由于需要了解的信息较多，因此界面设置的信息层级也较多，在设计中设计师需要花较多的心思对信息进行整合与归类。

图 1-14

1.3 用户体验只是主观感受

用户体验的好与坏只是用户的主观感受，但作为设计师必须去挖掘用户主观感受背后真实的需求，不要被个人主观的、表象的东西所迷惑。美国福特汽车公司的建立者亨利·福特（Henry Ford）曾经说："If I had asked the customers what they wanted, they would have told me:a faster horse."翻译过来就是"如果当初我去问顾客他们想要什么，他们只会告诉我：一匹更快的马。"美国苹果公司联合创办人史蒂夫·乔布斯（Steve Jobs）也说过类似的话："You can't just ask customers what they want and then try to give that to them. By the time you get it built, they'll want something new."翻译过来就是"你不能只问顾客想要什么，然后想办法为他们做出来。等你做出来，他们已经另有所爱了。"

举一个生活中的例子。有 A 和 B 两家共享单车服务公司，两家公司的启动资金是一样的。A 公司的造价比 B 公司低，车的质量当然也没有 B 公司好。如果让用户选择和使用，用户会毫无疑问地选择 B 公司的单车。然而 B 公司的单车真就能比 A 公司的单车获得更多的用户吗？其实并没有这么简单。从表面上看，用户一般更喜欢价格相当而质量更好的单车，然而共享单车的主要作用是短途代步，在这个需求下，单车的质量就显得不那么重要了。由于 A 公司的单车造价低，那么车子的数量也就比 B 公司的多，因此更容易找到并使用。如此一来，A 公司的单车相比 B 公司的单车更便利，这或许才是用户最核心的需求。但是如果我们把问题抛给用户："如果我们设计一辆共享单车，你希望它质量好一些并且有更多的功能吗？"用户一定会回答："当然要质量好，如果能加更多的功能就更好了。"

用户体验是需要设计师通过用户反馈的问题对产品不断进行优化才能提升的。互联网产品迭代的速度非常快，主要目的是通过不断"试错"并接收用户的反馈对用户体验进行不断优化。如果没有做到这一点，设计师很多看似有心的设计对用户体验来说则会起到反作用。

例如，早期马桶的设计是只有一个冲水按钮的，后来设计师基于不同的使用场景考虑，设计出了一大一小两个冲水按钮，大按钮出水量大，小按钮出水量小，如图 1-15 所示。而设计师这个看似有心的设计细节对于用户来说反而增加了选择负担，毕竟一般情况下用户在冲水时可能只希望水量小一些，以达到节约用水的目的。而从用户体验的角度来讲，出水较少的按钮使用频率较高，那么使用频率高的按钮是否应该设计得大一些呢？

图 1-15

1.4 用户体验设计师的职责与价值

　　笔者将一名用户体验设计师的终极目标分为 3 个：首先是满足用户需求，即产品流畅易用，其实也就是早期 UCD（User Centered Design，以用户为中心的设计）的概念；其次是满足产品需求，即产品数据的正向提升，这就像是最近较为流行的 UGD（User Growth Design，以用户为中心，以增长为导向）的概念；最后就是满足设计者自身的需要，即产品有体验上的创新。设计师在工作中扮演的角色就是如何让这 3 个目标无限地趋于平衡，或者根据产品当时的环境确定侧重点。

　　早期，国内有很多设计师对于用户体验设计这个概念有一些误解，认为用户体验设计师就是单纯做交互的。目前，很多较大的互联网企业都有自己的用户体验设计部门，并且该部门设置有单独的交互设计师、用户界面设计师、视觉设计师及用户研究专员等职位。这种较细化的分工形式在这种环环相扣的产品设计工作中是很容易产生问题的。例如，交互设计师在接到产品经理的产品需求文档后，需要进一步完善并产出交互说明文档。而一些能力较强的产品经理，在制作产品需求文档时就已经将交互确定了七八成。这时候，交互设计师只需简单将产品需求文档细化一下即可交接给用户界面设计师进行下一步的工作，同时与用户界面设计师进行沟通。如此一来，交互设计师的工作就被弱化了，而用户界面设计师自我发挥的空间也很小。如此看来，这种分工方式略显复杂，表面上看对设计会有帮助，而实际上增加了多方衔接与沟通带来的麻烦，可能还会降低工作效率。

　　而实际上，"用户体验设计"这个概念包含了以上讲到的用户界面设计、交互设计、情感打造、用户研究及运营视觉设计等内容，如图 1-16 所示。在国内，真正称得上"用户体验设计师"的人非常少，这也意味着用户体验设计师的门槛是很高的。简单地说，用户体验设计是很考验设计师的综合能力的。

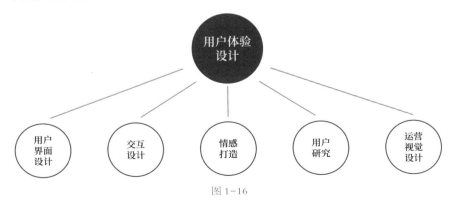

图 1-16

而在不远的将来，随着设计师整体专业水平的逐渐提升，用户体验设计师这种 T 型人才在互联网设计中会逐渐成为主流，同时也会将香港理工大学教授约翰·赫斯科特（John Heskett）提出的用户体验设计师的价值发挥得更加充分，主要表现在以下 3 个方面。

价值 1：用户界面的修饰者，即美化界面。这是用户体验设计师最基础的价值。

价值 2：用户界面的区分者，即打造产品不同的调性，让产品在同类产品中具有识别性。

价值 3：用户界面的驱动者。这一点非常重要。当设计师作为驱动者对产品进行设计时，能够在战略层有更多的表现。这对于用户体验从业者来说也算是终极梦想，也是用户体验设计师获得价值感的关键所在。

以上 3 层价值是需要用户体验设计师循序渐进来实现的。在实际工作当中，用户体验设计师可以从用户界面设计师的身份和角度出发对产品进行设计，也可以从交互设计师的身份和角度出发进行设计。但无论如何，这两个身份在未来一定是分不开的。随着设计师自身水平的提升，当产品界面设计与交互设计都可以做好时，设计师就可以去尝试实现之前所说的价值 3 了。

如今，很多互联网企业已经树立了"设计驱动产品"的发展目标。例如，爱彼迎的设计师从数据中发现问题，然后利用交互和视觉方案去解决问题。这就是未来用户体验设计师的职责与价值所在。未来，视觉设计师会更多地负责产品运营的创意设计，如插画设计、品牌设计及 HTML 5（简称 H5）设计等。而在本书中，笔者也将围绕用户体验设计师所需要具备的几种能力由浅入深地对产品设计进行分析与讲解。

第 2 章

App设计中的基础规范

在日常生活中，很多准备入行用户体验设计的人都容易被卡在用户
体验设计的规范层里。不符合规范的设计很难被用户接受，也会极大地
增加开发难度。本章所讲的规范包括 App 基础布局规范、App 基础组
件规范及 App 字体规范等。界面设计严格按照规范来执行，是对用户
体验设计师的基本要求。

2.1 App基础布局规范

　　了解市面上手机尺寸规范和分辨率要求是进行界面设计的第一步。然而，市面上的手机型号有很多，尺寸也不尽相同。作为设计师，针对每一种机型都出一套设计稿显然是不现实的。这就需要设计师去了解不同手机屏幕之间的差别，学习设计稿布局规范及各单位之间的换算关系。

2.1.1 常见的手机屏幕尺寸

　　下面将针对目前市面上常见的手机屏幕尺寸和设计稿尺寸做一个总结与分析，同时也对设计稿与实际的屏幕尺寸的单位换算关系和常见名词进行解释。这些对初学者来讲，在理解上可能会有些难度，因此需要理解并反复记忆。

● **dpi和ppi的概念**

　　dpi是"dots per inch"的缩写。这个单位原来是用来表示打印机性能的，意指每英寸（约2.54cm）所能打印的墨点数。每英寸内的墨点越多，打印出来的东西就越清晰。当墨点多到一定程度，人的眼睛就无法感受到墨点的存在了，这时人看到的图像就会接近矢量图的效果。

　　ppi是"pixels per inch"的缩写，表示每英寸能容纳多少个像素。上面提到的印刷物以无数墨点来构成图像，而类似的，屏幕是以一定数量的发光点来构成图像。对于屏幕来说，ppi用于描述每英寸发光点的数量，也表示一块屏幕发光点的密度，而这些发光点我们常称之为"像素"。一块屏幕的尺寸和能容纳的像素是在生产的时候就确定好的，所以ppi可以算作一个物理单位。

　　例如，iPhone 8手机屏幕宽度为2.3英寸（约为5.8cm），高度为4.1英寸（约为10.4cm）。根据勾股定理，可以得出这块屏幕的物理尺寸（屏幕对角线的长度）为4.7英寸（约为11.9cm）。同时，这种手机屏幕每行有750个像素（发光点），每列有1334个像素，如图2-1所示。

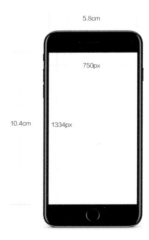

图2-1

● **分辨率、像素和屏幕物理尺寸**

1334px×750px 是 iPhone 6、iPhone 7 和 iPhone 8 手机的主屏幕分辨率，也指整个屏幕的像素尺寸。而通常说到的 326ppi 是 iPhone 6、iPhone 7 和 iPhone 8 手机的像素密度，意指手机屏幕中每英寸能容纳 326 个像素点。

在日常生活中，会有人询问别人一个像素有多大，这是一个奇怪的问题。虽然我们说像素是构成屏幕的发光点，是物理化的，但像素在脱离屏幕尺寸之后是没有大小可言的。你可以将 1920px×1080px 放到一台屏幕物理尺寸为 133cm 的电视机屏幕当中，也可以将其放到一台屏幕物理尺寸为 14cm 的 iPhone 8 Plus 手机当中，如图 2-2 所示。这时 133cm 的电视屏幕上的像素会大于 14cm 的手机屏幕上的像素。

图 2-2

在设计过程中，只分析屏幕的分辨率对于设计师来说是没有多少实际意义的，而通过分辨率计算得出的像素密度才是设计师要关心的问题。像素密度的计算通常和屏幕分辨率与屏幕尺寸有关，具体的计算公式如图 2-3 所示。

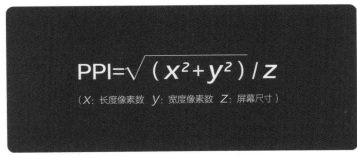

$$PPI=\sqrt{(x^2+y^2)}/z$$

（x: 长度像素数　y: 宽度像素数　z: 屏幕尺寸）

图 2-3

同样的屏幕物理尺寸，在不同像素密度的情况下会呈现出不同的像素大小。一条由 326 个像素组成的像素线在一台 iPhone 8 手机屏幕上展现出来的长度是 2.54cm（1 英寸），这是因为该屏幕每英寸能容纳 326 个像素。假设我们将 iPhone 8 手机屏幕的像素密度调低至 163ppi，像素线还是由 326 个像素组成，线条会长一倍，如图 2-4 所示。这是因为 163ppi 的手机屏幕每 2.54cm 只有 163 个像素，自然就要多用一倍的长度展示 326 个像素。

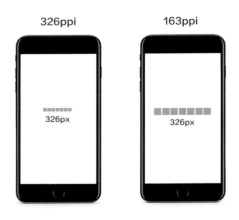

图 2-4

● 逻辑大小和像素大小

人的视觉对于对象尺寸的判断是由逻辑大小来决定的。以 1 元硬币为例，无论这枚硬币离我们有多远，在我们的认知中，其大小就是直径为 25mm。也就是说，这是它的真实大小，所以我们姑且把人对于物体真实尺寸的认知称为"逻辑大小"。

物体的真实尺寸不同，呈现给人的视觉大小也会不一样。像素大小是基于显像单元的数量来描述的，与真实大小无关，只取决于使用了多少个显像单元来显示。如图 2-5 所示，在这 3 张图中，我们都用了 9 个方块单元来绘制圆形。虽然这些圆形的真实大小是不一样的，但是其使用的显像单元的数量却是一样的。因而，这 3 个圆形的像素大小都是一样的。

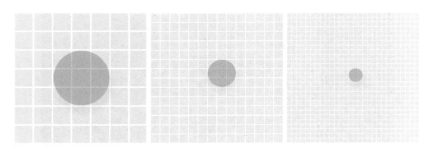

图 2-5

　　屏幕像素数量不同，在相同像素大小的情况下，图形显示的大小会不一样。假设我们同时设计 iPhone 8 手机与 iPhone 8 Plus 手机的界面，同样的一个按钮，其逻辑大小为 15mm×15mm，像素大小为 5px×5px。这时就会产生两种情况，即屏幕上显示的按钮要么保持原来的逻辑大小，要么保持原来的像素大小，如图 2-6 所示。

图 2-6

　　从以上描述可以得知，在像素大小不变的前提下，iPhone 8 手机屏幕上的按钮会比 iPhone 8 Plus 屏幕上的按钮大很多。还有一个比较极端的情况：如果 iPhone 8 屏幕的分辨率是 iPhone 8 Plus 屏幕分辨率的几分之一，那么 iPhone 8 屏幕上的按钮可能会占满整个屏幕。因此，iPhone 8 Plus 屏幕上的元素尺寸需要在 iPhone 8 的基础上乘以 1.5，才能以平常的物理尺寸显示元素大小。而这当中就衍生了我们需要进一步区分的两个概念，那就是逻辑像素与实际像素。

● 逻辑像素与实际像素

　　回想一下，作为设计师，当你在 iPhone 8 Plus 手机屏幕上看见一条水平线时，1px 应该是正常的预期。但是细想一下就会发现，我们脑子里形成的"1px"这个概念其实正是逻辑像素。很显然，iPhone 8 Plus 的分辨率非常高，以至于人眼已经分辨不出一个显像单元的大小，所以如果用实际的 1px 来显示一条线，应该很难看得清楚。

　　在厘清了这个必要的概念之后，来说说实际生活中的屏幕像素情况。大家都知道，移动端设备屏幕尺寸非常多。其中，Android 系统手机屏幕的常见分辨率有 480px×800px、480px×854px、540px×960px、720px×1280px 及 1080px×1920px 等，iPhone 手机屏幕常见的分辨率有 640px×960px、640px×1136px、750px×1334px、1242px×2208px 及 1125px×2436px 等。面对这样的情况，设计师不禁会感到头疼，毕竟一份设计稿要适应多种尺寸不是一件简单的事情。不过其中也是有规律可循的，只要了解了这些规律，尺寸的问题就能轻松得到解决。

在这里，笔者以 iPhone 3GS 和 iPhone 4S 这两款机型为例进行讲解，如图 2-7 所示。针对一个邮件列表界面，如果按照实际像素大小进行显示，由于两个机型像素密度存在差异，iPhone 3GS 手机屏幕上能显示的文字会比 iPhone 4S 手机屏幕上显示的文字少很多，而且每行文字都会变得宽很多。但如果邮件列表页在 iPhone 3GS 手机屏幕上显示的效果刚刚好，在 iPhone 4S 手机屏幕上显示时，估计会小到根本看不清文字，因为 iPhone 4S 中元素的实际大小会缩为原来的 1/2。因此，设计师会采用逻辑像素来设计这个界面。同时，由于 Retina(本页"提示"部分有解释) 屏幕把 2px×2px 当作一个像素使用，因此设计师可以以 iPhone 3GS 的尺寸作出设计稿，之后只需在设计稿的尺寸基础上导出一套两倍切图适配 iPhone 4S 即可。而在这时候，iPhone 3GS 的尺寸就可以被理解为逻辑尺寸。

iPhone 3GS   iPhone 4S

图 2-7

到这里，可能有人会问："既然逻辑像素一样，那么两者有什么区别呢？"这个问题十分重要。因为即便是设计师，在作图时也会经常因不明白其中的道理而出现错误。对于这个问题，可以用一句话来解答：同样一个圆，高分辨率的屏幕显示更清晰，视觉体验会更好；而低分辨率的屏幕显示更模糊，视觉效果更差。

这个问题反映出每个设计师都应熟知的一个技巧：在进行设计的时候，应该优先保证高分辨率的屏幕效果。如今，在 iOS 系统应用的资源图片中，同一张切图通常有 3 个尺寸，并且这些文件名称有的带有"@2x"与"@3x"字样，有的又不带。其中，不带"@2x"字样的切图通常用于普通屏幕上，带"@2x"字样的切图通常用于 Retina 屏幕上，带"@3x"字样的切图则应用在 iPhone Plus 系列手机的屏幕上。设计者只需把这 3 个尺寸的切图给技术人员，技术人员就可以将合适尺寸的图片适配到各个机型了。实际像素除以倍率，就得到逻辑像素尺寸。两个屏幕逻辑像素相同，它们显示的元素的实际大小也相同。

提示

"Retina"是一种显示技术，最初被用于摩托罗拉产品上。该技术可以将更多的像素压缩在一块屏幕中，从而达到更高的分辨率，并提高屏幕显示的细腻程度。这种分辨率在正常观看的条件下足以使人肉眼无法分辨其中的显像单元，运用这种显示技术的屏幕被称为"视网膜显示屏"。

为了适配，即实现视觉统一，让相同大小的物件在不同像素密度的屏幕上看起来大小是差不多的，iPhone iOS 系统引入了"逻辑像素"的概念，逻辑像素的单位是"pt"。普通像素的单位是"px"。1pt 在 iPhone 3GS 中等于 1px，在 iPhone 4S、iPhone 5S、iPhone 6、iPhone 7 和 iPhone 8 中等于 2px，在 iPhone 6 Plus、iPhone 7 Plus、iPhone 8 Plus、iPhone X 中等于 3px。工程师在开发应用的时候，代码中 100pt×100pt 的控件在 iPhone 3GS 中显示出来的是 100px×100px，在 iPhone 8S 中显示出来的是 200px×200px，在 iPhone 8 Plus 中显示出来的是 300px×300px。但是在视觉上，这 3 种尺寸看起来大小是一样的。表 2-1 所示为 iPhone 手机界面详细的适配尺寸规范。

表 2-1

设备	分辨率	逻辑尺寸	倍率	像素密度
iPhone X	1125px×2436px	375pt×812pt	@3x	458ppi
iPhone 6 Plus、iPhone 7 Plus、iPhone 8 Plus	1242px×2208px	414pt×736pt	@3x	401ppi
iPhone 6、iPhone 7、iPhone 8	750px×1334px	375pt×667pt	@2x	326ppi
iPhone 5、iPhone 5S、iPhone 5C	640px×1136px	320pt×568pt	@2x	326ppi
iPhone 4、iPhone 4S	640px×960px	320pt×480pt	@2x	326ppi
iPhone 3GS	320px×480px	320pt×480pt	@1x	163ppi

针对以上规范，设计师如果很难全部理解，只需懂得在设计界面时不需要为每个机型都做一套设计稿即可。一般来说，一套尺寸为 375pt×667pt、导出格式为 @2x 的设计稿可以被用于 iPhone 6、iPhone 7 和 iPhone 8 手机中；一套尺寸为 414pt×736pt、导出格式为 @3x 的设计稿可以被用于 iPhone Plus 手机中。而针对 iPhone X 手机，则可以单独制定一套适配规则（关于具体的 iPhone X 手机的适配规则会在后面的章节中进行详细讲解）。目前，iPhone 3、iPhone 4、iPhone 5 基本已经被淘汰了，因此不需要专门去考虑它们的适配问题。相比以上所说的适配方式，其实还有更简单的做法，即仅设计一套尺寸为 375pt×667pt 的设计稿，并导出 @2x 和 @3x 两种格式，然后分别适配 iPhone 6、iPhone 7、iPhone 8 和 iPhone Plus 手机。虽然这样做 iPhone Plus 手机的最终成稿与设计稿会有一些出入，但一般影响不大。当然，具体到底应该以哪一种适配方式为准，就要根据各个公司的规定来决定了。

Android 系统的适配问题解决方法与 iPhone 手机类似，但相对更复杂一些。因为应用 Android 系统的手机屏幕尺寸实在太多样，分辨率高低跨度也非常大，不像 iPhone 手机那样固定。因此，Android 系统把各种设备的像素密度划分成了几个范围区间，并且给不同范围的设备定义了不同的倍率，以此来保证显示效果相近。

提示

Android 系统的逻辑像素单位是 dp，与 iOS 系统中的逻辑像素单位 pt 表意相同。

如表 2-2 所示，像素密度为 120ppi 的屏幕归为 ldpi，像素密度为 160ppi 的屏幕归为 mdpi，以此类推。这样，所有应用 Android 系统的手机屏幕都可以找到自己的"位置"，并被赋予相应的倍率。

表 2-2

密度	ldpi	mdpi	hdpi	xhdpi	xxhdpi	xxxhdpi
密度值	120 ppi	160 ppi	240 ppi	320 ppi	480 ppi	640 ppi
代表分辨率	240px × 320px	320px × 480px	480px × 800px	720px × 1280px	1080px × 1920px	1440px × 2560px
倍率	@0.75x	@1x	@1.5x	@2x	@3x	@4x
逻辑分辨率	320dp × 480dp	320dp × 480dp	320dp × 480dp	360dp × 640dp	360dp × 640dp	360dp × 640dp

笔者总结如下：密度为 ldpi（240px × 320px）和 mdpi（320px × 480px）的手机产品基本已经绝迹了；密度为 hdpi（480px × 800px）的一些低端手机产品所占市场份额很低；密度为 xhdpi（720px × 1280px）的一些中低端机型占有一部分市场份额；密度为 xxhdpi（1080px × 1920px）的手机产品目前市场份额占比较大；密度为 xxxhdpi（1440px × 2560px）一些高端机型是目前常见的。综上所述，目前密度为 xhdpi、xxhdpi 和 xxxhdpi 的手机产品占有绝大部分的市场份额，而正好它们的逻辑像素都是 360dp × 640dp，根据这样的分辨率标准导出 @2x、@3x 和 @4x 这3 种格式的切图，基本就可以适配市面上绝大部分的 Android 系统的机型了。当然，由于市场上Android 系统的机型和品牌实在太多，因此难免也有设计师无法顾及的尺寸，这也是目前很难解决的一个问题。因此，作为设计师只需记住 360dp × 640dp 这个逻辑像素就可以了。

● iPhone X的适配方案

针对前边所讲到的 iOS 系统的常用机型，几乎一种逻辑尺寸 375pt × 667pt 就可以完成适配。而相对来说，iPhone X 的适配处理就要复杂一些。我们忽略 iPhone X 屏幕顶部状态条的异形部分，仅从屏幕逻辑像素来看，其 375pt × 812pt 的逻辑像素相比 iPhone 8 的 375pt × 667pt 来说宽度相同，高度增加了 145pt，如图 2-8 所示。

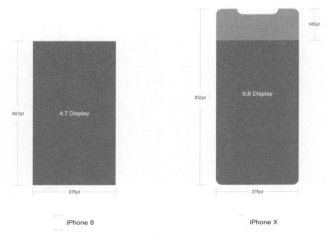

图 2-8

先来说一下顶部"刘海"区域的适配方式。如图 2-9 所示，对于常规的 iPhone 8 屏幕来说，屏幕内基本都属于安全显示区域（见绿色区域）。这里所谓"安全显示区域"是指一块可以把重要元素放在里面，而不用担心因屏幕异形导致交互出现问题的区域。iPhone X 由于多了"刘海"的设计和四周的圆角设计，意味着也多了两个不可显示内容的非安全区域。苹果官方给出的非安全区域为屏幕上方（导航栏与状态栏部分）44pt，屏幕下方（标签栏与工具栏部分）33pt，并且下方 33pt 的非安全区域一定不可以放置可点击的按钮，否则会与虚拟的 Home 键发生交互上的冲突。

iPhone 8　　　　　　　　　　　　　　iPhone X

图 2-9

看到这里可能有人会问："既然这样，我们让非安全区域不显示内容并直接涂黑，把'刘海'隐藏起来不就可以了吗？"这样做其实是不可取的。因为这样就浪费了很多手机屏幕空间，而且会与 iOS 系统界面的整体视觉效果不一致，如图 2-10 所示。

图 2-10

而具体的适配方法要从这两块非安全区域着手。由于顶部的 44pt 非安全区域内不可以出现除状态栏以外的内容，因此从前的状态条由 20pt 加长到 44pt，则意味着增加了 24pt。这时候导航栏的尺寸保持不变，只需整体向下移动 24pt 即可，如图 2-11 所示。与此同时，状态栏背景的颜色需要与导航栏背景的颜色保持一致。

图 2-11

当界面顶部带有图片背景时，最简单的处理方法就是将顶部图片元素的高度增加 24pt。如果有 Banner 通到顶部，一般有以下两种处理方式。

第 1 种方式是为 iPhone X 单独做一套 Banner 尺寸，拉长 24pt，并且顶部 24pt 不可放置有效的阅读信息，如图 2-12 所示。这种适配方法虽然效果较好，但是成本也较高，需要在每次设计 Banner 时都制作两套图。

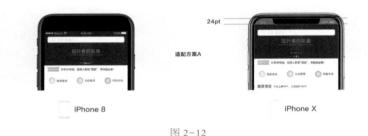

图 2-12

第 2 种方式是显示导航栏，并且 Banner 不再通到顶部显示，而是移到导航栏下方，如图 2-13 所示。这种处理方式虽然成本低，但是没有第 1 种方式的显示效果好。

图 2-13

说完顶部"刘海"区域的适配方式之后，再来说一下底部非安全区域的适配方式。置于屏幕底部的 Home Indicator 集成了原有实体 Home 键退出与切换系统应用的功能。在适配过程中，可以更改此区域内背景的颜色、透明度与高度。前面也曾讲到，底部 33pt 的非安全区域内禁止出现可操作按钮。对此，笔者分以下 3 种情况进行说明。

第 1 种情况：当界面底部出现按钮时，把按钮依附在底部 33pt 的非安全区域的上方即可。非安全区域的背景色一般与承载按钮的背景色保持一致。这里要注意的是，按钮大小要保持不变，不可拉长并横跨非安全区域，如图 2-14 所示。

iPhone 8　　　　　　　　　　　　iPhone X

图 2-14

提示

当首页底部出现按钮时，适配方式也是一样的。

第 2 种情况：若界面底部没有按钮，只需让列表正常显示就可以了，无须遮挡，如图 2-15 所示。

iPhone 8　　　　　　　　　　　　iPhone X

图 2-15

第 3 种情况：该情况属于特殊情况。例如，在广告启动页、引导页等呈现为全屏样式时，需要手动调整元素之间的间距和大小，将界面从 375pt×667pt 调整到 375pt×812pt，才能保证适配的时候界面不会出现拉伸变形的情况，如图 2-16 所示。

iPhone 8　　　　　　　　　　iPhone X

图 2-16

以上说到的是一些基本的适配情况。除此之外还有一些其他情况。例如，在遇到弹窗底层有半透明遮罩的情况时，遮罩需要占满整个屏幕；当界面中出现下拉刷新效果时，要避免出现异形"刘海"挡住加载动画的情况。

2.1.2　界面设计中的栅格系统

栅格系统（grid system）也称"网格系统"。它是平面设计中一种对版面进行有效布局的系统，也是一种对界面风格进行规划的方法，如图 2-17 所示。栅格系统在平面设计中的作用更多的是让版面设计有据可查，让复杂的信息整齐又有秩序地呈现，以此来达到阅读体验更佳的目的。栅格系统最早出现于印刷，后来延伸到 Web 设计。其中比较典型的是 960 Grid System（目前一种比较流行的网页设计模式），目的也是让网页布局更合理，并提升 Web 用户的体验感。

图 2-17

● 栅格系统在界面设计中的作用

在 App 界面设计中，栅格系统的应用不仅可以让界面看起来更美观，还可以提升程序开发的效率。App 的设计过程与开发过程是完全不同的。App 的设计过程可以是感性的，各个元素可以相对随意地进行摆放，只要看起来舒服就好。而 App 的开发过程必须是理性的，界面中每一个元素的摆放都有一定的规范。如图 2-18 所示，看似摆放随意的 4 个标签，实际上它们的位置是符合栅格系统的规范的。

图 2-18

无论什么水平的设计师，在界面设计中都会不经意地使用栅格系统。而给界面留出固定的边距这一设计方式，可以被视作最基础的栅格系统，如图 2-19 所示。

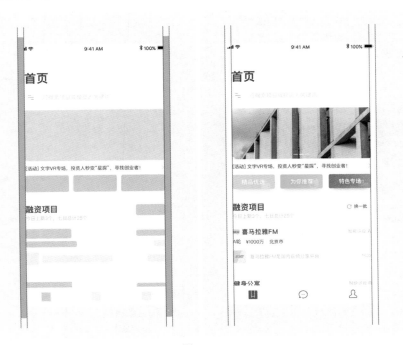

图 2-19

● 栅格系统中的8px原则

最早提出将栅格系统中的 8px 原则应用到 Web 设计中的是一篇名为 Specifics001:The 8-Point Grid 的博文。该博文中有这么一段描述："8px 系统实际上主要有两个版本。第 1 个版本是将元素放到 8px 栅格中（称为硬栅格），第 2 个版本是仅测量元素之间的距离是 8px 的多少倍（称为软栅格）。"而一般来说，印刷品设计中常用的是硬栅格，而 App 界面设计中常用的是软栅格。

8px 原则就是界面设计中所有元素的长度 / 宽度和间距都可以被 8 整除。当然，这里的 8px 是基于 @2x 格式的切图使用的。如果在 1 倍的逻辑尺寸下做图，那就是 4pt 或 4dp。遵循这个原则，可以让界面整齐规范，并且在任何机型上都能呈现出较好的效果，同时保证像素无虚边。4pt 或 4dp 这个原则其实由来已久，早在分辨率为 240px×320px 的 Android 系统手机屏幕还较为流行的时候，就已经有这个概念了。当时，Android 系统和 iOS 系统的逻辑尺寸都以 320pt（dp）×480pt（dp）为标准。如果以 320pt（dp）×480pt（dp）为 @1x 逻辑尺寸标准，那么在屏幕内出现一个 2dp 的元素的情况下，Android 系统各屏幕内经过适配后的尺寸情况则如表 2-3 所示。

表 2-3

分辨率	240px×320px	320px×480px	480px×800px	720px×1280px	1080px×1920px	1440px×2560px
倍率	@0.75x	@1x	@1.5x	@2x	@3x	@4x
逻辑分辨率	1.5	2	3	4	6	8

从表 2-3 中可知，当 2dp 的元素出现在分辨率为 240px×320px 的屏幕上时，像素参数会出现小数，这也就意味着像素会出现虚边。这时候我们可以再试试将 4dp 的元素适配到各屏幕时还会不会出现这种情况。经过尝试后我们得知，在逻辑像素为 320pt（dp）×480pt（dp）4dp 的元素适配到各个屏幕上时，都不会出现小数，如表 2-4 所示。这也就是说只要以 4dp 为原则，且元素或界面间距为 4dp 的整数倍，就可以保证界面不会出现像素虚边的情况，这也是 8px 原则的由来。

表 2-4

分辨率	240px×320px	320px×480px	480px×800px	720px×1280px	1080px×1920px	1440px×2560px
倍率	@0.75x	@1x	@1.5x	@2x	@3x	@4x
逻辑分辨率	3	4	6	8	12	16

而如今，320px×480px 的机型在市场上已经较少见了，因此 8px 原则的使用也随之减少了。综上可知，只要给界面中所有的元素定义一个最小单位，一切元素的尺寸都是它的整数倍，就可以解决元素的适配问题。例如，当我们在做一个界面时，每一个间距或元素大小都是有规律可依的，如图 2-20 所示。

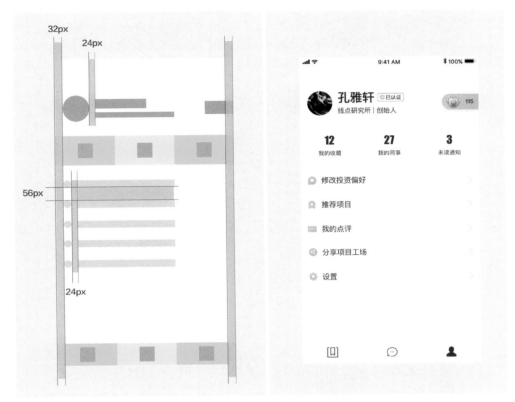

图 2-20

2.1.3 常见的布局和适用场景

移动端相比 PC 端来说屏幕尺寸会小很多，所以布局与 PC 端也相差甚远。作为用户体验设计师，在布局时尽量不要把做网页设计的习惯带到移动端界面的设计中。同时，要注意对信息进行优先级划分，让布局更合理，并提升信息的传递效率。每一种布局形式都有它的意义。下面会针对手机界面设计中常用的一些界面布局进行分析与说明。

● 标签式布局

标签式布局也称网格式布局，通常在承载较重要的功能时使用。由于标签式布局较有仪式感，视觉上会呈现出较明显的层级，因此一般用于展示较多的且重要的快捷入口。需要注意的是，各模块之间要保持相对独立，标签横向数量尽量不要超过 5 个，否则需要左右滑动才能显示所有标签信息。

标签式布局的优点是可以让各入口清晰呈现，方便用户快速查找信息；标签式布局的缺点是扩展性较差，标题不宜过长。每一个标签可以看作界面布局中的一个点，而过多的标签会让界面过于琐碎。同时，由于图标占据标签式布局的大部分空间，因此设计时要注意尽量细致一些。此外，针对同类型、同层级的标签，要注意保持风格和细节上的统一。图 2-21 所示为标签式布局应用示例。

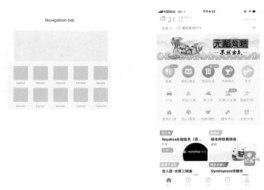

图 2-21

● 列表式布局

列表式布局是移动端应用的小屏幕限制下较常见的版式，适用于较长的文字信息组合界面布局。

列表式布局的优点是信息展示较直观，节省界面空间，浏览效率高，字段长度不受限制，并且可以错行显示；列表式布局的缺点是单一的列表页容易让人产生视觉疲劳，需要穿插其他版式，以让画面看起来富有变化。这时，若仅通过分界线或间距对列表信息进行区分，则容易让用户出现视觉偏差。与此同时，列表式布局不适合在信息层级过多且字段内容不确定的情况下使用。图 2-22 所示为列表式布局应用示例。

图 2-22

● 卡片式布局

从某种程度上讲，卡片式布局是在栅格系统的基础上更进一步地进行规范布局的设计方式。它将整个界面切割为多个区域，不仅给人以统一的视觉效果，还方便设计迭代。

卡片式布局的优点是可以将不同大小、不同媒介形式的内容单元以统一的方式进行混合呈现。较常见的是图文混排，既要做到视觉上尽量一致，又要平衡文字和图片的强弱关系。当一个界面中信息板块过多，或者在一个信息组合中信息层级过多时，卡片式布局会非常实用。卡片式布局的缺点是对界面空间的消耗非常大，需要让上下左右都保持一定的间距，且每一屏呈现的信息量会很小。因此，当遇到用户要通过大面积扫视才能对信息进行过滤筛选的界面时，或者遇到信息组合较为简单、层级较少的界面时，强行使用卡片式布局会让使用效率降低，给用户带来不必要的麻烦。图2-23所示为卡片式布局在淘宝App界面设计中的应用效果。

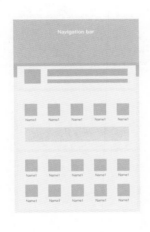

图2-23

● 瀑布流布局

界面内卡片的大小不一致，并产生错落的视觉效果的界面布局被称为瀑布流布局。

瀑布流布局适用于图片、视频等可浏览的内容。当用户仅通过图片就可以获取自己想要的信息时，使用瀑布流布局再合适不过了。移动端的瀑布流布局样式一般是两列信息并行，这样可以极大地提升交互效率，并且可以制造出丰富的视觉体验，适用于电商或小视频等界面的布局设计。瀑布流布局的缺点是过于依赖图片的质量。如果图片的质量较差，整体的产品格调也会被图片影响。瀑布流布局不适合在文字信息过多且强调产品稳重性的界面中使用。图2-24所示为瀑布流布局在"淘宝"App界面设计中的应用效果。

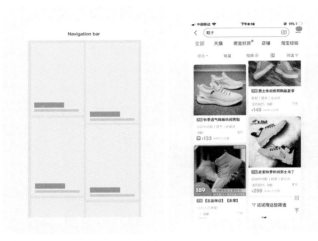

图 2-24

● 多面板布局

多面板布局更常见于平板终端，但手机端也会用到。多面板很像竖屏排列的标签，它可以展示更多的信息，操作效率较高，适合在内容和分类都比较多的情况下使用。

多面板布局的优点是减少了界面之间的跳转，并且分类效果较明确和直观。多面板布局的缺点是可能会导致同一界面中信息量过多且较拥挤；在分类很多的情况下，左侧滑动区域过窄，不利于单手操作。图 2-25 所示为多面板布局在"京东商城"App 界面设计中的应用效果。

图 2-25

● 手风琴布局

手风琴布局方式常见于两级结构的界面中。当用户点击"分类"图标时，可展开显示二级内容。

手风琴布局的优点是可以承载比较多的信息，并且保持界面的简洁性。同时，手风琴布局可以减少界面跳转的情况，与树形结构相比也可以减少点击次数，并且提高操作效率。手风琴布局在浏览器上很常见，很多浏览器的导航、历史和下载管理等界面均采用了该布局方式。手风琴布局的缺点是在同时打开多个菜单的情况下，分类标题不易找到，且界面布局容易被打乱。图 2-26 所示为手风琴布局在 QQ 界面设计中的应用效果。

图 2-26

2.2 App基础组件规范

iOS 系统和 Android 系统都提供了一些固定的官方组件规范。遵循其官方组件规范，可以极大地提升设计与开发效率，同时降低用户的学习成本。其中，最常见的规范化组件包括顶部的状态栏、导航栏，以及底部的标签栏和工具栏。

2.2.1　状态栏

状态栏是指我们经常看到的显示手机信号、运营商及电量等状态的区域，一般有白色和黑色两种颜色。此处一般不做特殊设计，直接下载一些 Android 系统或 iOS 系统组件库并进行调用即可。需要注意的是，在状态栏的背景颜色不确定时（如界面中 Banner 与状态栏融为一体等情况），通常的处理手法是设置固定状态栏为白色，并且在状态栏下放置半透明的黑色遮罩，或者不做处理，同时保证 Banner 顶部不为白色。iOS 系统的状态栏高度为 20pt（逻辑像素为 375pt×667pt 时），如图 2-27 所示；Android 系统的状态栏高度为 24dp（逻辑像素为 360dp×640dp 时），如图 2-28 所示。

图 2-27　　　　　　　　　　　　　　　　　　图 2-28

2.2.2　导航栏

导航栏位于状态栏的下方，一般显示当前界面的名称，让用户随时了解当前浏览所在的位置。Android 系统的导航栏标题是基于导航栏的左边缘对齐，iOS 系统的导航栏则是基于整个导航栏的中间对齐。两者的相同之处在于左侧一般为"返回"按钮，右侧为当前界面的功能按钮。这些按钮可以以文字的形式存在，也可以以图标的形式存在。当然，导航栏相比状态栏而言，可设计的地方更多一些，既可以自定义其颜色，又可以在某个界面将其隐藏。iOS 系统的导航栏高度为 44pt（逻辑像素为 375pt×667pt 时），如图 2-29 所示；Android 系统的导航栏高度为 56dp（逻辑像素为 360dp×640dp 时），如图 2-30 所示。

图 2-29　　　　　　　　　　　　　　　　　　图 2-30

2.2.3　标签栏

通常来说，标签栏位于界面的最下方。它提供了界面的切换、功能入口及界面导航等功能。其作用在于指示当前界面所处的位置和可以前往的方向。也就是说，标签栏在视觉设计上着重解决"我在哪儿"的问题。在标签栏的设计中，要清晰地指明当前界面所处的位置，并且当前标签的视觉位置必须是最近的。在标签栏设计中，当前界面标签要与其他标签在视觉上拉开一定的距离，并表现出层次感。当前标签通常显示为高亮状态，其他标签在视觉上效果则相对弱化一些。标签栏中的标签设计可以是图标加文字的样式，也可以是纯图标样式或纯文字样式。标签栏最多显示 5 个标签，超过 5 个标签会显示为"更多"状态，并且在用户点击"更多"按钮后可查看其他标签。iOS 系统中，标签栏的高度为 49pt（逻辑像素为 375pt×667pt 时），并且一般在界面底部显示，如图 2-31 所示；Android 系统中，标签栏的高度为 48dp（逻辑像素为 360dp×640dp 时），如图 2-32 所示。由于 Android 系统的界面底部存在虚拟按键，因此标签栏一般不在底部显示，而是在界面顶部显示。

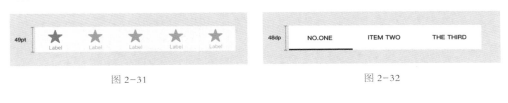

图 2-31   图 2-32

提示

当然，随着全屏手机产品的普及，很多基于 Android 系统平台的软件也渐渐舍去了底部虚拟按键。Android 系统中的标签栏与 iOS 系统中的标签栏效果保持一致，即都在界面底部显示。

2.2.4 工具栏

工具栏与标签栏显示的位置相同，但是在同一界面中，标签栏与工具栏只能显示一条。工具栏的作用是承载一些对当前界面进行功能性操作的按钮，一行不可超过 5 个。当一行超过 5 个按钮时，第 5 个按钮会显示为"更多"样式，点击该按钮可查看其他功能信息。如图 2-33 所示，iOS 系统中，工具栏的高度为 44pt（逻辑像素为 375pt×667pt 时），并且工具栏会显示在界面导航条的右上角。在功能按钮多于 5 个时，会将多余的按钮收到第 5 个按钮中，点击可展开显示。在 Android 系统中，工具栏在下方显示，其高度为 48dp（逻辑像素为 360dp×640dp 时），如图 2-34 所示。

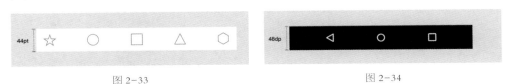

图 2-33   图 2-34

2.3 App字体规范

在用户界面中，字体可以说是界面设计的基石。在界面设计中，字体应该是作为方便用户完成应用任务的一种工具，而不应增加用户认知的负担。无论是 iOS 系统，还是 Android 系统，它们都有内置的默认字体可供设计师使用。因此，设计师在进行界面设计时一般很少苦恼于字体的选择，而是需要将主要精力放在字号大小、字体颜色与字体间距的处理上。

2.3.1 系统默认字体介绍

iOS 11 系统中的中文默认字体为"苹方体"，英文和数字的默认字体为"San Francisco"，如图 2-35 所示。在界面设计中，除了一些产品为了营造独特的视觉氛围需要植入特殊字体以外，一般情况下很少去更改默认字体。如果设计师使用了特殊字体，但开发工程师没有植入特殊字体包，界面依然显示系统默认字体。

图 2-35

Android 8.0 系统中的中文默认字体为"思源黑体"，英文和数字的默认字体为"Roboto"，如图 2-36 所示。与 iOS 系统一样，如果设计师使用了特殊字体，但开发工程师没有植入特殊字体包，界面依然显示系统默认字体。

图 2-36

2.3.2 基本的字号规范

在界面设计过程中，字号规范相对来说比较灵活，也可以说每个产品基本都有一套专属的字号规范。在 iOS 11 系统没有发布时，字号的范围一般是 11~24pt（磅，与分辨率的 pt 不同）。以 iOS 系统的逻辑像素 375pt×667pt 为例，其最小字号不能小于 11pt，否则会影响识别性。同时，字号必须为整数，不可出现小数点，各相同表意字段之间的字号要严格保持一致。这里将用一些实际的界面设计例子对界面的字号规范进行说明，大家可以作为参考。在具体情况下，大家要根据产品内不同布局属性、字段数量等因素做主观上的思考和改动。例如，在界面主页信息层级较多时，界面中的一级主标题（店铺名称）的字号通常为 24pt，如图 2-37 所示；在界面主页信息层级较少时，界面中的二级标题的字号通常为 20pt，如图 2-38 所示。

图 2-37 图 2-38

在界面列表内出现第 1 层级信息，或者顶部导航栏中出现导航名称信息时，使用的字号通常为 18pt，如图 2-39 所示；在列表内第 2 层级信息或界面信息层级较多时，其三级标题、按钮文字及单列文字信息（如个人中心界面的单行文字信息）使用的字号为 16pt，如图 2-40 所示。

图 2-39 图 2-40

界面中大篇幅的文本信息（如阅读类产品信息、阅读详情页等的文本信息）和列表内第3层级信息，通常使用的字号为14pt，如图2-41所示。

图 2-41

　　列表内的非重要提示型信息和以图标为主的文字提示信息（如电商类产品、标签式布局的图标下方的提示信息等），通常使用的字号为12pt，如图2-42所示。

　　列表内提示型标签信息和列表内信息层级过多时的非必读型信息（如一些外卖类店铺的界面活动标签等信息），通常使用的字号为11pt，如图2-43所示。

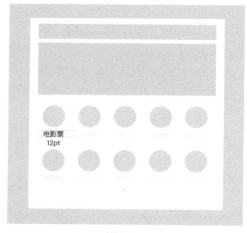

图 2-42

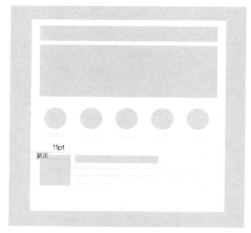

图 2-43

第 3 章

视觉体验基础

视觉设计能力是用户体验设计师的必备能力，也是基础能力。视觉设计能力需要稳扎稳打，先了解视觉设计中的理论原则，并根据原则把版面做到整体看起来舒适，再尝试突破理论原则并创新。本章主要带领读者了解视觉设计中的理论原则及应用方式，以达到夯实基本功的目的。

3.1 用户界面设计中的色彩

在用户界面设计中，色彩的选择与使用是非常重要的。因为用户对于色彩往往是非常敏感的，并且每种色彩在不同的使用环境下会产生不同的效果。例如，红色在积极方面代表着热情，而在消极方面则代表着警示和错误性提示。本节将由浅入深地讲述色彩理论原则和在用户界面设计中正确使用色彩的方法。

3.1.1 对色彩的基本认识

笔者将主要从以下 4 个方面进行分析与讲解对色彩的基本认识。

● **三原色/间色/复色**

三原色一般指的是光的三原色，包括红、黄、蓝 3 种，简称 RGB。这 3 种颜色纯正、鲜明、强烈，可以调配出多种颜色。

间色是指由两种原色混合后得到的颜色。例如，黄色混合蓝色可以得到绿色，蓝色混合红色可以得到紫色，红色混合黄色可以得到橙色。

复色是指将两种间色（如橙色与绿色、绿色与紫色等）或一种原色与相对应的间色（如红色与绿色、黄色与紫色等）混合后得出的颜色。复色包含了三原色的成分，纯度较低。

三原色、间色与复色如图 3-1 所示。

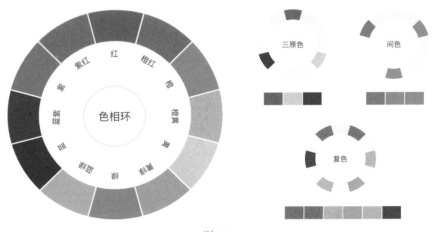

图 3-1

- **互补色/同类色/对比色**

互补色是色相环中呈 180° 角的两种颜色，如红色与绿色、蓝色与橙色、黄色与紫色等。

同类色是同一色相中不同倾向的系列颜色，如黄色系里的柠檬黄、中黄、橘黄及土黄等颜色。

对比色是色相环中呈 120°～150° 角的任意两种颜色，如红色与蓝色、红色与黄色等。

互补色、同类色与对比色如图 3-2 所示。

图 3-2

- **冷色/暖色/无彩色**

色环中偏向蓝、绿两色的色相被称为"冷色"。冷色可以使人联想到海洋、蓝天、冰雪及月夜等；色环中偏向红、橙两色的色相被称为"暖色"。暖色能带给人温馨、和谐和温暖的感觉，并使人联想到太阳、火焰和热血。当然，以上所述的是绝对意义上的冷暖色对比，而相对意义上的冷暖色对比如两种颜色同为红色系，那么紫红色相比橙红色就要冷一些。

无彩色指黑、白、灰。色相环是根据原色来制定的，没有原色则是白色，原色完全混合则是黑色，灰色是黑色与白色之间的过渡色。

暖色和冷色如图 3-3 所示。

图 3-3

- **色相/纯度/明度**

色相是色彩的主要特征，是区别不同色彩的标准，如玫瑰红、橘黄、柠檬黄、钴蓝、群青和翠绿等颜色都是根据色相区分得来的。而从光学原理上讲，不同的色相是由射入人眼的光线的光谱成分决定的。

纯度通常是指色彩的鲜艳程度。色彩含有色成分的比例越大，则纯度越高；含有色成分的比例越小，纯度越低。当一种颜色掺入黑色、白色或其他颜色时，纯度就会产生变化。

明度是指色彩的亮度。同一颜色在强光照射下显得较明亮，而在弱光照射下显得较灰暗、模糊。针对同一种颜色，混入不同量的黑色或白色后，会产生不同的明暗层次感。每一种纯色都有与其相应的明度。黄色明度最高，蓝紫色明度最低，红色和绿色的明度中等。同时，一般纯度发生改变时，明度也会随之改变。

色相、纯度和明度如图 3-4 所示。

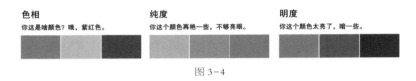

图 3-4

3.1.2 色彩在界面设计中的作用

由于用户界面需要用户长时间浏览，因此在界面设计中，每一种色彩都应该带有功能性，尽量避免为了丰富界面而增添一些不必要的色彩。例如，彩色文字会给用户可以点击的视觉预期，而灰色的按钮则会让用户认为此按钮不可点击。

针对色彩在用户界面设计中的作用，笔者将其归纳为以下 3 个方面并进行分析。

- **厘清整体架构**

产品界面总是借助图形化的外观直接作用于客户的视觉系统。用户在接触一个产品界面时，看到的往往是一个由底色、几何色块及图标、按钮等元素构成的图形符号系统。在产品界面中，利用色彩可以非常直观地凸显背景、导航栏、状态栏和按钮等构成元素，并让产品界面的逻辑架构得以清晰呈现。如图 3-5 所示，清晰的色块分布可以让整个版面的层次感更强，且更容易让用户理解。

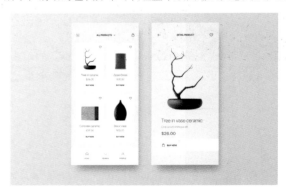

图 3-5

● **明确视觉层级关系**

　　产品界面设计中，不同的内容应该呈现出不同的层级关系。例如，菜单与菜单间的同级关系、菜单与内容间的从属关系等。利用同色系色彩之间的色相差异可以非常直观地区分内容的层级关系，同时还可以通过色彩间的强对比突出关键内容。如图 3-6 所示，"网易严选"通过色彩的强弱区分视觉层级，红色在视觉上明显层级最高，重要按钮与文字使用红色，可以让画面的层级关系更清晰。

图 3-6

● **突出产品风格**

　　色彩的搭配可以直接反映出这种产品的风格和产品属性。例如，电商类 App 界面中常用的橙红色，工具类 App 界面中常用的蓝绿色，以及内容类 App 界面中常用的净白色等。如图 3-7 所示，左边"字里行间"App 界面中的净白色与右边"京东"App 界面中的多色，都是通过色彩来营造产品氛围的。

图 3-7

3.1.3 色彩的对比

在界面设计中，色彩的对比形式多种多样。这里所谓的"对比"不仅是我们熟知的色相、纯度和明度之间的对比，还有面积、动静之间的对比。

● 色相对比

（1）同类色对比

使用同类色对比的优点是，可以营造出和谐统一的界面效果；使用同类色对比的缺点是，如果一个版面中仅有同类色对比，容易让界面显得太过稳重，而且长时间浏览也会让人觉得乏味。在界面设计中，一些品牌格调比较鲜明的产品一般都使用同类色对比。

图 3-8 所示为"网易云音乐"App 的界面效果，整个界面基本贯穿使用了红色这一种色相，并且仅通过调整红色的明度和纯度来适应不同的需求，产品格调令人记忆深刻。

图 3-8

（2）互补色对比

使用互补色对比的优点是，可以让画面更具张力，营造出视觉上的反差，吸引用户关注。常见的互补色有红色与绿色、黄色与紫色，以及橙色与蓝色等。使用互补色对比的缺点是，若搭配得不好，很容易让界面看起来俗气，或者给人带来较刺眼的感受。因此，在使用互补色对比时，设计师通常需要遵循"大调和，小对比"的原则，即将一种颜色大面积显示，然后将其对比色局部显示。同时，将明度相同、彩度很高的等量互补色搭配在一起，可以使界面看起来鲜明、炫目，如红色配绿色等。黄色与紫色由于明度差距较大，不会产生刺眼的效果，因此黄色与紫色的对比搭配方式也经常被用到。

图 3-9 所示为"简书"App 的界面效果，在主色为红色的情况下，将一些按钮设置为绿色，可以提升按钮的视觉层级，增强用户的点击欲望。

图 3-9

● **纯度对比**

使用纯度对比的优点是，可以让页面分清主次。若将比较重要的元素设置为纯度较高的颜色，则可以被人优先注意到。使用纯度对比的缺点是，若使用的颜色纯度过高，尤其是多种高饱和度色彩同时出现，会让人看着不舒服。当然，在界面设计中用到的颜色纯度也不宜太低，否则容易让界面显得脏乱和沉闷。

图 3-10 所示为不同纯度下"支付宝"App 口碑页的图标效果对比。右侧图标的颜色纯度都较高，界面信息层次很分明。

图 3-10

在纯色搭配中，如果颜色纯度都不高或只有一种颜色纯度较低，那么放到一起也不会产生太强烈的视觉反差效果。纯度对比越弱，画面冲击力也越弱，画面效果较含蓄，适合长时间和近距离观看；纯度对比越强，画面越明朗且富有生气，画面冲击力也越强，画面表达也更直观。

图 3-11 所示为纯度强对比在插画中的应用效果。通过纯度的强对比表现，可以强化画面视觉的前后关系和主次关系，平衡画面的视觉感受，突出人物主体，弱化背景。

图 3-11

● **明度对比**

明度对比是指色彩的明暗程度的对比，也指色彩的黑白度对比。在心理学中，明度对比也称明暗对比或亮度对比。物体受不同明度背景的影响，可以产生不同的视觉感受。例如，从同一块灰色的纸上剪下两个正方形，然后分别放在一张白色背景纸和一张黑色背景纸上，我们会感觉放在白色背景纸上的正方形变暗了，而放在黑色背景纸上的正方形变亮了，同时在正方形与背景交界的地方明度对比会特别明显。

在明度对比中，黑色和白色是最强的对比组合，而黑色与深灰色、白色与浅灰色是较弱的对比组合。在同一色相、同一纯度的颜色中混入的黑色越多，明度就越低；在同一色相、同一纯度的颜色中混入的白色越多，明度就越高。利用明度对比，可展现出色彩的层次感、空间感和立体感。

明度对比越强，光感越强，界面看起来也越清晰；明度对比越弱，光感越弱，界面看起来也越不清晰。图 3-12 所示为明度对比较弱时和明度对比合理时的界面对比效果。通过对比可知，明度对比合理可以让信息展现得更清晰和直观，能提升阅读效率。

图 3-12

从视觉心理上讲，明度越低的物体越靠后，明度越高的物体越靠前。在进行界面设计时，一般不能将深色卡片悬浮在浅色背景尤其是白色背景上，如此操作容易违反用户的视觉心理。因为浅色背景一般为界面背景配色中的较高层级规律，所以一般将浅色卡片悬浮在深色背景上的情况居多。如图 3-13 所示，当将白色卡片放到灰色背景上时，会很明显地感觉到灰色背景上浮起的白色卡片，界面层次清晰；而将黑色卡片放到灰色背景上时，则让人觉得仿佛是在灰色背景上挖了个洞，界面层次不清晰。再如图 3-14 所示，在"TED"App 界面中，白色卡片在视觉上属于界面中的最高层级，而灰色块则给人以后退的感觉。

图 3-13

图 3-14

● 面积对比

在日常生活中我们可以感受到，相同面积的红色与绿色放在一起并不好看。然而，若我们将它们的面积比例进行合理调配，如将大面积的绿色配上小面积的红色，就可以获得较好的视觉效果。这就是色彩的面积对比给设计带来的魅力。

同时，面积对比还体现在色块的分割和运用上。例如，当我们把相同面积的红色与绿色分割成许多小条、小块和小点，再进行交叉排列，其视觉效果又会不同。多种色彩之间的面积变化，会让视觉效果更丰富多彩。

在进行色彩搭配时，我们经常会觉得某种颜色太跳跃，让人感觉不舒服。这时候，我们除了可以改变颜色本身的色相和纯度之外，合理地调节该颜色在界面中所占的面积，也是使视觉效果更合理的一种有效手段。一般来说，在一个画面中，较跳跃的颜色面积占比较小，较柔和的颜色面积占比较大。

如图 3-15 所示，左边界面背景颜色中，红色面积和蓝色面积相等，界面视觉效果较杂乱；右边界面背景颜色中，蓝色面积占比较大，主色调明显，界面视觉效果较和谐。

图 3-15

在实际的界面设计工作当中，以上说到的这种配色其实是极少出现的。界面设计中的用色相对比较简洁，并且基本都是以无彩色为主，只有一些按钮或导航栏等局部区域才会呈现出彩色的效果。在配色时，只需要着重考虑有彩色中不同色相的面积对比就可以了。例如，相比其他控件来说，导航栏的面积较大，出现频率较高，那么在导航栏中使用有彩色，并将其色相作为主题色就很合适。

● 动静对比

在界面设计中，太过稳重的色彩搭配容易使用户感到视觉疲劳。色彩的动静对比可以缓解这一问题，并且能强调视觉重点，让界面效果更丰富。那么，什么是动静对比呢？在界面的配色过程中，动静对比指的是花哨与纯净的对比。即使想要营造具有动感的界面效果，太过花哨的颜色组合也容易引起用户视觉上的不适。此时就要使用纯净的颜色来平衡画面。同理，如果想要营造稳重的界面效果，太过生硬的颜色同样会令用户感到视觉疲劳。此时也需要使用一些较花哨的颜色进行点缀和修饰。当然，在具体操作中，需要根据界面要营造的风格来确定颜色的占比。

图 3-16 所示为某产品的邀请函界面。背景中的叶子元素给画面营造了一种具有动感的氛围，中心内容区通过纯净的白色背景将文字清晰地呈现出来，达成动静对比的和谐效果。

图 3-16

动静对比并不一定要做到绝对的平衡，只需根据界面的格调与风格需求进行设计，再通过动静对比让界面具备较强的识别性，同时不让用户产生视觉疲劳感即可。

3.1.4 色彩的性格

色彩是有性格的，不同的色彩可以表达出不同的界面风格和气质。这里，笔者主要从两个方面进行分析：一方面是冷色与暖色对产品性格的塑造，另一方面是针对不同的产品应该使用何种色彩比较合适。

● 冷色与暖色的运用

在界面设计中，冷色会让用户产生正义、平静、安全、理智和高科技的感受，因此在家电和社交类产品的界面设计中较常使用。暖色会让用户产生积极、喜庆、食欲和亲近的感受，因此在电商类、美食类和母婴类产品的界面设计中较常使用。同时，冷色和暖色可以塑造出不同的产品性格。如图 3-17 所示，"斗鱼直播"App 界面（左图）中使用的暖橙色给界面营造出了一种积极、活泼和娱乐的视觉氛围，"脉脉"App 界面（右图）中使用的蓝色给界面营造出了一种冷静、权威和正式的视觉氛围。

图 3-17

以上说到的只是一种常规的配色规律，并非绝对的。在实际的设计工作中，我们在为产品的界面配色时，不仅要从产品的性格需求去考虑，还要从战略层面去考虑。在这里，我们以"饿了么"App 为例进行分析。"饿了么"是一款外卖类产品，针对这款产品的配色，很多人可能会有这样的疑问："既然是外卖，为何不用暖色，反而用了很难提起人食欲的科技蓝呢？"针对这个问题，我们就要从"饿了么"这款产品的战略规划去进行分析了。"饿了么"公司在创业之初一直希望能通过科技的创新来解决线下的问题，去改变传统的行业。从这个层面上去分析，其选择蓝色也就无可厚非了。通过这个例子，笔者也想告诉广大设计师，在产品的界面设计中，一定不要使自己的思维固化，要从多方面进行考查和分析再进行配色。

● 不同色彩赋予产品的不同性格

不同的色彩能为产品塑造出不同的性格，因此针对不同领域的产品，其色调选择也是有讲究的。

（1）白色的运用

白色象征着纯洁、神圣、信任和安静，是一种比较耐看、使用也较普遍的颜色。大多数 App 产品的背景使用的都是白色，给人感觉较为平淡，视觉层级也较低，不容易引起用户注意。白色在一些内容类产品界面设计中较常使用，如"字里行间"图标（左图）、"ONE"图标（右图）等，如图 3-18 所示。

图 3-18

（2）蓝色的运用

蓝色象征着诚实、希望与科技，比较耐看，容易让人感觉平静，而且长时间浏览也不会感到浮躁。蓝色在社交（娱乐社交除外）、科技资讯和职场等类别的产品界面设计中使用较多，如"知乎"图标（左图）、"钉钉"图标（右图）等，如图 3-19 所示。而在带有娱乐气息或需要营造活跃气氛的产品界面中蓝色则不太适用。

图 3-19

（3）红色的运用

红色象征着热情、性感和自信，是一种充满能量的颜色，在音乐类、电商类等需要营造活跃气氛的产品界面中较常使用，如"网易云音乐"图标（左图）、"京东商城"图标（右图）等，如图 3-20 所示。而在医疗类、安全管家类的产品界面设计中红色则不太适用。

图 3-20

（4）橙色的运用

橙色与红色的性格较为接近，但橙色相比红色来说给人感觉更亲切，且更具活力。同时，橙色有增加食欲和激发消费欲望的作用，因此在社会服务类、电商类的产品界面设计中较常使用，如"淘宝"图标（左图）、"大众点评"图标（右图）等，如图3-21所示。不过，橙色不宜让人长时间浏览，否则容易产生烦躁的视觉感受，因此在内容类产品界面中不太适用。

图 3-21

（5）黄色的运用

黄色象征着青春、活力、创意和乐观，明度极高，在艺术类或目标用户为年轻人的产品界面设计中较常使用，如"站酷"图标（左图）、"ofo共享单车"图标（右图）等，如图3-22所示。然而，由于黄色的明度极高，缺乏稳重感和权威感，并且较难把控，因此在理财类、职场类的产品界面中不太适用。

图 3-22

（6）绿色的运用

绿色象征着安全、自由、新鲜和生命力，并且相比于橙色的热情和蓝色的稳重来说，给人感觉比较温和。因此绿色在需要强调安全感或极力想获取用户信任的产品界面中较常使用，如"360安全卫士"图标（左图）、"拉勾"图标（右图）等，如图3-23所示。而绿色在娱乐类和电商类产品界面中不太适用。

图 3-23

3.1.5　色彩的重量

　　色彩是有重量的。不过，这个"重量"的概念与我们生活中所说到的重量不同，它是指一种心理感受。色彩的重量一般由明度决定，明度较高的颜色（如白色）给人以较轻的感受，明度较低的颜色（如黑色）给人以沉重的感受。

　　如图 3-24 所示，两个相同大小的红包，左边的正红色红包要比右边的粉红色红包看起来重一些。

图 3-24

　　美国心理学家戴尔·卡耐基（Dale Carnegie）教授经过多种复杂的实验后得出结论：各种颜色在人的大脑中都代表一定的重量，并且由重到轻可排列成黑、红、紫、蓝、绿、黄、白。其中，白色的心理重量为 100 克，黄色的心理重量为 113 克，绿色的心理重量为 133 克，蓝色的心理重量为 152 克，紫色的心理重量为 155 克，红色的心理重量为 158 克，黑色的心理重量为 187 克，并且在同色系中明度越高的颜色，给人感觉越轻。

　　在界面设计中，设计师要通过对界面颜色的把控让界面色彩的重量感更合理。例如，针对一些含有较多图片的界面，其导航栏就可以使用浅色，避免使用深色而给界面造成不必要的视觉负担；针对一些含有较多文字的界面，其导航栏就可以使用深色，如此可以主观地给界面增加一些重量感，避免在视觉上让人感觉太轻。

　　如图 3-25 所示，"腾讯视频" App 的界面（左图）由于含有大量图片，因此其他控件的颜色淡雅了许多；"微信" App 的界面（右图）由于文字列表较多，并且列表颜色都较浅，因此导航栏的颜色被设置成了深灰色，以此给界面添加一些重量感。

图 3-25

3.1.6 不同色彩的应用场景

　　色彩在界面设计中是要区分等级的。了解过室内设计的人一般都知道"60+30+10"（60%的主色加30%的辅助色，再加10%的点缀色）的色彩搭配原则，而这一原则在产品界面设计中同样适用。不过在具体使用时，笔者习惯把主色、辅助色和点缀色分为有彩色与无彩色。其中，有彩色一般被应用在按钮、图标及一些提示性的元素上，而无彩色一般被应用在字体、分界线和一些背景元素上。例如，"微信"界面的主色调是深灰色，但其存在一个有彩色色相即绿色，因此我们并不能因此说"微信"的主题色是深灰色。只有当一款产品中真正不存在有彩色时，如"字里行间""ONE"等产品，我们才可以说它的主题色是黑、白、灰等颜色。

　　下面将分别针对主题色、辅助色与点缀色的应用场景及不同产品中单色与多色的使用进行分析与讲解。

● **主题色的使用**

　　主题色是一款产品给用户留下的第一印象的颜色。针对产品的主图标、标题栏、底部导航按钮、产品标签及标签型文字等需要色相呈现的控件，都会有主题色出现。一般情况下，主题色要占产品内有彩色色相的60%及以上。

　　图3-26所示为"淘票票"App的界面效果，其主题色为粉红色，并且被应用在按钮、底部导航按钮和选中状态下的文字的显示上。

图3-26

● 辅助色的使用

辅助色一般伴随着主题色出现。当界面中需要被提示的内容不止一种时，就可以用辅助色加以区分。还有一种情况就是，当界面中主题色占比过大，需要使用辅助色让视觉达到平衡。辅助色与主题色的色相差距通常不会太大，并且在产品内用色不超过 30%。

图 3-27 所示为"唱吧"App 界面（左图）和"QQ 音乐"App 界面（右图），在名称与后面的提示标签需要有所区分时，辅助色黄色也就派上了用场。

图 3-27

● 点缀色的使用

点缀色出现的场景可分为 3 种。第 1 种是需要区分的信息有两种或两种以上时，点缀色的出现可以满足主题色与辅助色满足不了的视觉需求。第 2 种是当界面中有信息需要被特别强调时，利用点缀色可以让该信息得到更多的关注。第 3 种是当同一界面内主题色与辅助色属同一暖色系或同一冷色系，并且用色面积较大，导致界面过暖或过冷时，点缀色可以起到平衡画面冷暖的作用。与此同时，由于点缀色与主题色一般色相差距较大，因此点缀色通常出现的频率较低，并且占据产品内有彩色的比例一般不会超过 10%。

如图 3-28 所示，"淘票票"App 界面（左图）中出现的蓝色和"拉勾"App 界面（右图）中出现的橙色都属于点缀色，并且这两种点缀色的出现都是为了对重要的信息进行强调。

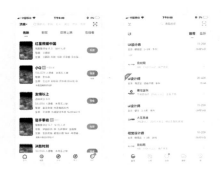

图 3-28

● 单色与多色的使用

上面所说的 3 种色彩应用方式都是常规的用色方式，而一些体量较小或特殊属性类的产品界面也会使用单色。在这种情况下，辅助色与点缀色所需要起到的作用会让主题色来代替，并且要尽量避免界面内主题色面积过大，以致于让用户在视觉上感到不适。

而像"淘宝"或者"支付宝"这种体量较大的产品，3 种颜色远远满足不了产品的需求，并且很多元素都需要用不同的色彩来进行区分。即便如此也要注意，不要为每一个元素都单独选择一种色彩，否则会让界面看起来太过花哨，而定义 3 种或 4 种辅助色来穿插使用则更为合适。

图 3-29 所示为"支付宝"App 口碑页的标签效果（左图）和个人中心列表页的标签效果（右图）。在图标过多且需要用不同的色彩来表现时，这两个界面都确定了几种颜色来穿插使用，如此让界面信息明朗清晰，又不会显得太过花哨。

图 3-29

3.2 用户界面设计中的版式

界面设计中的版式设计是视觉设计的核心，也是视觉设计的基础。如果把一个完整的界面设计比喻成人体，那么界面版式就是骨骼，色彩就是血肉。骨骼作为血肉的框架支撑，在设计中必然占有核心地位。

很多设计师在设计版面时会习惯性地先选择配色，然而在版式结构没处理好的情况下，如何去确认选择好的配色应该怎样应用呢？因此，这种做法显然是不可取的。配色在界面设计中是一种填充行为，它需要通过载体呈现效果，而这个载体就是版式。界面设计需要按照从整体到局部的顺序来操作，即首先把内容排上去，然后思考应用场景与信息层次，接着进行版式设计，最后才是色彩与细节的处理，如图3-30所示。

图 3-30

下面将对界面设计中的版式原则进行分析与讲解。

3.2.1 统一与变化

在界面设计中，考虑用户会长时间地停留在某个界面，因此统一列表样式是非常有必要的，如此可以减少视觉阻碍，从而提升阅读效率。然而，单一的列表样式也会使用户感到疲劳，甚至可能产生厌烦的心理。这时我们就可以通过版式设计，让列表呈现出不同的模块变化。

统一是主导，变化是从属。统一强化了版面的整体感，变化化解了版面的单调和死板。在界面设计中，保持相同元素的风格统一是界面设计的基本原则，在提高设计效率的同时，也能提高开发的效率。而不同表意的板块之间就可以通过版式变化让界面充满活力。

图3-31所示为"拉勾"App界面（左图）和"BOSS直聘"App界面（右图）。在"拉勾"App界面设计中，多样的板块变化让用户首次进入主页时就能感觉到产品是"活"的。这里除了将字号、配色和板块的间距进行了统一处理，还让不同板块之间的样式保持统一。遵循统一规范的同时，再进行版式上的变化，会让界面看起来整体感更强，又不会使人产生烦闷的感觉。在"BOSS直聘"App界面设计中，统一的职位列表虽然让界面缺少版式上的变化，也容易让用户产生视觉疲劳感，但是从产品角度来讲，交互效率却会有象征性的提升。（至于如何取舍，就要看产品的最终需求了，这里仅从版式上进行分析。）

图 3-31

当然，以上说到的这些都是大方向上的统一与变化。界面图标的设计同样需要遵循这一原则。在设计成套的系列图标时，在统一配色、线条粗细和长短的前提下，外形上不受约束地进行变化，同样可以让其拥有更强的美感，如图 3-32 所示。

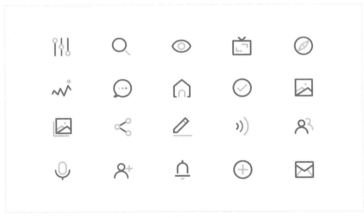

图 3-32

3.2.2 对比与调和

在界面设计中，对比是为了强调差异化，让界面信息更有主次之分，并突出主题。而调和是为了寻找共同点，并且调节界面的舒适感。

针对大小对比，大的方面有板块之间的面积对比，小的方面有字体之间的字号对比。如图3-33所示，在"京东金融"App界面设计中，卡片部分虽文字信息不多，却占据了整个界面的1/4左右，与下面的板块从面积上形成大小对比，从而使界面信息产生了主次之分，突出了主体信息，能引起用户注意，并尽快完成点击。而小的板块之间面积又差不多一样大，如此可以起到一定的调和作用。

图 3-33

再如图3-34所示，在"知乎"App的主页设计中，信息卡片中的文字使用了3个层级。其中，主题字信息层级最大，简介文字信息层级次之，话题名称及评论点赞等信息层级最小。由此可知，适当的对比与调和（这里指通过简单的字号对比），既可以让信息层级清晰可见，又避免了过多的无意义对比使界面信息杂乱。

图 3-34

3.2.3 对称与平衡

界面设计中的版式对称与平衡是一个统一体，即常表现为既对称又均衡。从视觉上而言，即寻求人心理上的稳定感。界面设计虽然无法主观地控制产品内字段的长度，但设计师可以通过将不同的元素摆放在合理的位置，从而最大限度地让界面实现对称与平衡。

图 3-35 所示为"简书"App 的发现页界面效果。由于图片较文字重量感更强，因此左边安排了较多的文字，与右边较少的图片进行搭配，从整体上实现了对称的效果。同时，"为你推荐"模块上方的头像与下方的按钮达成了视觉重量上的平衡。此外，下方标题栏中间的红色按钮被作为视觉平衡点，两边的图标对称显示，也实现了视觉平衡。

图 3-35

图 3-36 所示为"每日优鲜"的主页效果。首先，从产品需求层面进行分析，在"每日优鲜"App 上购物是有"满 xx 元减配送费"活动的，因此用户将产品加入购物车的操作频率通常会比较高。其次，从版式层面进行分析（见图右边部分的版面示意图），这个版面如果去掉每个列表栏右下角的"购物车"图标，或者将板块弱化，会明显感觉右边界面缺少支撑点。这是因为列表左侧的摄影图在视觉重量上比文字要重得多，这时候将"购物车"图标放到每个列表栏的右下角，可以起到平衡画面的作用。

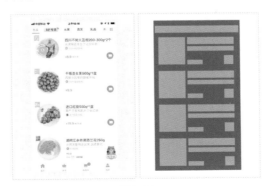

图 3-36

3.2.4 节奏与韵律

说到节奏与韵律，最基本的要求是，要通过版式设计给予用户明确的阅读顺序的引导，并且要做到有始有终。在这里，有始有终是一种态度。就算是单个版面，也要给用户明确的视觉起点和视觉终点，而针对长图或多版面的设计更是如此。

● **用户的视觉浏览习惯**

人们在看报纸时，一般会采取由左到右、由上到下，以及由题目到正文的阅读顺序。在使用移动端产品的时候，用户的浏览习惯也不例外。在界面设计中，如果我们在标题、图片和栏目上都能做到有所变化，在视觉上形成跳跃式的点线面效果，这样用户在浏览的时候则会有一种节奏感。

图 3-37 所示为"每日优鲜"App 和"今日头条"App 的界面效果。在"每日优鲜"App 界面设计中，用户只要看到产品图，就基本知道这是卖的什么东西，所以左图右文的排版符合用户的视觉习惯；在"今日头条"App 界面设计中，图片只起到辅助作用，用户看到图片基本不能联想到具体内容，因此其文字标题才是用户最需要看到的内容，所以左文右图／上文下图的排版方式才符合此类产品目标用户的浏览习惯。

左图右文　　　　　　　左文右图／上文下图

图 3-37

● **好的版式是界面的"导游"**

如果一个界面需要用"一、二、三、四"这样的层级才能引领用户的视觉，那这个设计就太初级了。好的设计是可以通过版面本身来引领用户的视觉走向的。前面已讲到，人的阅读习惯是由左到右、由上到下，以及由题目到正文的，但不仅限于此。从人的视觉心理层级进行分析，有彩色元素视觉层级优先，无彩色元素次之。饱和度高的元素视觉层级优先，饱和度低的元素视觉层级次之。在白色背景下，颜色越深的元素视觉层级越高；在黑色背景下，颜色越浅的元素视觉层级越高。大的元素视觉层级优先，小的元素视觉层级次之。复杂的元素视觉层级优先，简单的元素视觉层级次之。从字体角度来说，衬线字体的视觉层级优先，无衬线字体的视觉层级次之。毛笔字体或其他特殊字体的视觉层级优先，黑体的视觉层级次之。周围留白多的元素视觉层级优先，留白少的元素视觉层级次之。遵循这些基本的视觉原则，可以让界面更有节奏感与韵律感，让版式成为用户的"导游"。

3.2.5 亲密性原则

针对亲密性原则，笔者主要从以下两个方面进行分析。

● **文案整理的重要性**

初级设计师往往习惯在接收到设计需求之后马上着手思考配色和版面风格。其实整理文案，将文案有秩序地进行归类，也是设计过程中非常重要的一步。在同一个版面中，关联性较强的元素一定是相邻的，关联性不那么强的元素或不存在关联性的元素需要被很清晰地隔离开。

图 3-38 所示为一个国外的网页设计作品，版面采用的是无彩色，整体干净，整洁，而且信息划分明确。

图 3-38

● 信息归类与划分

一般情况下，相邻的两个事物多存在着一些联系。例如，大街上走过来年纪差不多的一男一女，两人靠得很近，我们就会觉得"这应该是一对情侣"，或者"这应该是兄妹俩"，又或者是一些其他较亲密的关系，如图 3-39 所示。

图 3-39

界面设计同样如此。在设计前，我们若能将信息进行归类，然后在设计中将有关联的内容放到一起，没有关联的信息用较大的间距隔开，界面中的信息会让人感觉清晰、直观，并且识别度很高，如图 3-40 所示。

图 3-40

图 3-41 所示为"字里行间"App 中 Feed 流的界面效果。两个不同信息板块之间通过 2a（a 为基础单位）的间距隔开，而同一个信息板块内的图片与头像、文本信息，仅用了 1a 和 1.2a 的间距隔开。这样即使没有分界线，我们也可以清晰地看出每一行文字对应的是哪一张图片。

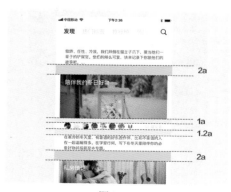

图 3-41

3.2.6 相似性原则

如果一个版面中的某几个元素在外形上是相似的，那么用户会认为这几个元素一定是有关联的。因此，在界面设计中，设计师给予不同的布局元素相同或相似的视觉特征，可以激发用户对界面进行适当的分组和联结的本能，方便用户更快地了解整个系统。相似性可以基于各种视觉参数，如颜色、形状、大小和方向等。

图3-42所示为"计算器"工具的界面效果。在这个界面设计中，如果将所有的按键都用一种颜色和一种样式进行显示，用户在进行计算操作时很容易看错。而如果我们赋予不同功能的按键不同的颜色和样式，用户就能够很好地进行区分，同时降低误操作的概率。

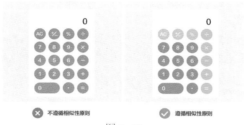

图3-42

在浏览界面的过程中，用户会习惯性地把相同外观的元素联想到一起，设计师在界面设计中也要注意这一点。如果两个板块的内容信息完全不同，就从外观上拉开差距，不要让其看起来一样。两个板块如果内容一致，那么外观就要保持一致，这样也可以让设计看起来更清爽、更干净。

图3-43所示为"美团"App的界面效果。由于"美团"App的功能较多，因此首页需要设置很多快捷入口。如果将所有的快捷入口都设置成一种颜色或一种样式，那么用户是很难区分的。因此在具体设计过程中，需要将常用的快捷入口用相似的样式突出显示，而非常用入口设置成另外一种完全不同的样式，从视觉上就可以很清晰地将这些入口进行区分，也让界面看起来更有秩序，从而提高交互效率。

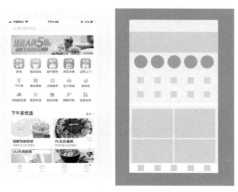

图3-43

3.2.7 卡片/分界线/无框

很多刚入门甚至有一些工作经验的设计师在界面设计中都喜欢追求一些新潮的设计风格和设计方式，这也无可厚非。目前界面设计常用的版式设计风格主要分为 3 种，即卡片风格、分界线风格和无框风格。这 3 种风格都有其存在的理由和适用的场景，下面笔者给大家详细分析和讲解一下。

● 卡片风格

顾名思义，卡片风格就是把界面中各板块的信息用卡片的形式承载起来，让界面信息看起来直观、清晰。这种设计风格非常适合用在一些列表页里。同时，手机屏幕内的卡片也可以让用户联想到现实生活中的卡片，所以一些优惠券或会员卡等元素也非常适合运用卡片风格。

图 3-44 所示为一款创业计划书评估的小程序。由于用户在单个界面需要获取的信息较多，不采用卡片风格会使整个版面显得较为松散，板块与板块之间的归类不清晰（见左边部分），而采用卡片风格，则可以让多个板块看起来更加直观和规整（见右边部分）。

图 3-44

● 分界线风格

在进行界面设计时，最传统的界面分割方式就是利用分界线进行分割。分界线一般出现在各信息段落或各板块之间，分界线的使用可以让界面信息展示更有逻辑和规律。

图 3-45 所示为"项目工场"App 的界面效果。其中，左边界面信息列表采用了卡片风格，版面较为琐碎；右边界面采用了分界线风格，既达到了信息区分的目的，又不至于打破界面的整体性。

图 3-45

● **无框风格**

近些年，无论是工业设计还是产品界面设计，都开始崇尚极简的设计风格。其中，无框风格就是一种比较好的选择。不过这里要注意的一点是，"极简"在设计中并不代表"做减法"。针对一些界面板块或信息过多的情况，如果没有框线元素对其进行分割，会使得界面信息杂乱，而通过分界线或卡片等框线元素的运用，界面信息会变得清晰。如图 3-46 所示。

图 3-46

图 3-47 所示为"爱奇艺"App 界面（左图）与"腾讯视频"App 界面（右图）。这两个界面中包含的图片都较多，而图片本身就可以对版面起到分割作用，因此就没必要再使用框线元素了。

图 3-47

3.2.8 留白

留白在设计中是不可或缺的元素。留白的真正意义是留出空间，背景可以是白色的，也可以是其他颜色的，只要没有过度装饰的区域都可以称为"留白区域"。

在留白设计过程中，我们需要注意以下两个方面。

● **留白要规范合适**

在平面设计中，留白的运用可以稍微随性一些。而对于界面设计来说，留白的运用则需要更严谨才行。例如，信息卡片上下左右的间距最好都相等，并且卡片内信息之间的距离也应避免太近。不同的模块之间更要留出足够的间距，如此可以让界面看起来更加整洁和透气，空间感更强。反之，留白太少且信息太拥挤的界面会给人以沉闷、不透气的感觉，同时也会增加用户阅读的视觉负担，降低阅读效率。如图 3-48 所示。

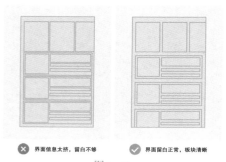

❌ 界面信息太挤，留白不够   ✓ 界面留白正常，板块清晰

图 3-48

图 3-49 所示为"爱彼迎"App 的界面效果。其各板块之间的间距都是有规律可依的。信息板块可以统一的地方都尽量保持了统一。同时，基于版式的亲密性原则，这种有规律的留白也让界面显得更加规范和透气。

图 3-49

● 利用留白强调重点

通过留白制造界面信息的差异化，并强调界面中的重要信息是界面设计中常用的一种设计方式。减少界面多余的元素和杂乱的颜色，多一些留白，可以将用户的视线快速引领到需要重点表达的信息上。同时，留白也是一个隐形的对比元素，大面积的留白可以突出重点信息，或者突出层次感。信息周围留白越多，则意味着该信息越容易成为视觉焦点。

这里以"每日优鲜"App个人中心页的界面效果为例，如图 3-50 所示。"每日优鲜"App 的个人中心页通过对"登录"按钮周围进行大面积的留白，将用户的注意力吸引到按钮上。

图 3-50

3.3 用户界面设计中的图标

图标在生活中也是随处可见的，如交通标志中的下坡提示标（左图），或者是公共场合禁止抽烟的提示标（中图），又或者是停车提示标（右图）等，如图 3-51 所示。相比文字来说，这些图标可以让人在更短的时间内认知并了解信息，并且可以大大提升信息的视觉美观性。

图 3-51

从人机交互的角度来说，使用图标比使用文本更具有优势。因为图标简单、醒目且友好，同时在界面的一些空间较小的位置，图标可以代替一段冗长枯燥的文字描述，并增加设计的艺术感染力；在用户界面中使用图标，是一种用户熟知的设计模式。

尽管图标有这些优点，但如果不考虑其一些负面影响，可能会导致出现一些不可用的问题。例如，在一些敏感位置使用识别度不高的图标，可能会造成用户的误操作。同时，图标放置位置不合适，或者风格不统一，也会给用户造成一些不良感受。

下面将较为系统地讲解一下各种图标的绘制方式与应用场景。

3.3.1 App图标

应用图标带给用户对产品的第一印象。从某种程度上来说，用户可以通过应用图标判断出一款产品的好坏。一个好的应用图标应该能清晰地传递出产品的内涵。

● **应用图标的常见设计形式**

应用图标的设计形式较多样，包括抽象图形、文字、卡通形象和功能图形的运用。

（1）抽象图形的运用

随着设计行业的不断发展，拟物化图标逐渐消失，取而代之的是扁平化图标。扁平化图标通常由抽象元素制作而成，虽然看起来简单了，但其实对设计提出了更高的要求。例如，"QQ音乐"与"网易云音乐"的音符图形（左一图和左二图），"微信"的聊天气泡图形（左三图），以及"墨迹天气"的云朵图形（左四图）等，如图3-52所示。

图3-52

在应用图标设计中，运用抽象图形的优点是可以让用户第一眼看到图标时就知道这大概是一个什么产品，并且使得品牌具有独特性；运用抽象图形的缺点是对设计要求较高且设计难度较大，一旦图形被设计得太过抽象，就会降低产品的识别度，并且无法使其很好地与其他图标区分开来，质感较差。

（2）文字的运用

用户对汉字的敏感程度远远高于图形。因此，如今越来越多的产品开始使用文字来设计应用图标了。在使用文字设计应用图标时，一般会选择产品名称中具有代表性的文字，并且会通过对字体笔画做出一些变化，使得图标能够与产品的属性相融合。一般来说，品牌名称不超过3个字的产品，都适合采用此类设计形式进行图标设计，如"淘宝"图标（左一图）、"知乎"图标（左二图）及"闲鱼"图标（左三图）等；而针对品牌名称超过3个字的产品，最好筛选具有代表性的文字作为图标，如"字里行间"图标（左四图）等。如图3-53所示。

图 3-53

在应用图标设计中，文字运用的优点是可以让用户更好地记住产品；文字运用的缺点是品牌延展性较差。在营造产品格调时，文字图标相比图形图标来说难度要大一些，并且对于一些较为小众的产品来说，仅通过文字是很难清晰地传递出产品的属性的。

（3）卡通形象的运用

随着各大主流产品吉祥物的出现，很多品牌商索性把吉祥物的卡通形象融入应用图标的设计中，如"京东商城"的卡通小狗形象（左一图）、"转转"的卡通小熊形象（左二图）、"美团外卖"的卡通袋鼠形象（左三图），以及"斗鱼直播"的卡通鲨鱼形象（左四图）等，如图 3-54 所示。

图 3-54

在应用图标设计中，卡通形象运用的优点是可以让产品更具情感，相比抽象的图形和纯粹的文字运用与表达来说，会显得更亲切一些。卡通形象运用的缺点是视觉上较容易与其他同类图标产生雷同的情况。

（4）功能图形的运用

针对一些体量较小且功能性较单一的产品，为了更清晰地传递产品属性，设计师可能会直接根据功能需求来设计出相应的功能图形并运用到图标中。例如，iOS 系统自带的计算器应用图标（左一图）、"秒拍"的相机图标（左二图）、"高德地图"的图标（左三图），以及"360 日历"图标（左四图）等，如图 3-55 所示。

图 3-55

在应用图标设计中，功能图形运用的优点是可以强调工具属性，减少用户认知成本；功能图形运用的缺点是针对一些功能体量较大的产品，很难通过一个功能图形将产品属性信息传递清楚，而且不容易表现出与同类产品图标的差异化。

● 应用图标的设计技巧及注意事项

（1）简洁的设计元素

应用图标在手机屏幕中的显示尺寸仅为 120px×20px，甚至有的情况下图标显示的尺寸还会比这个尺寸更小。因此，在设计应用图标时要做到尽量简洁，避免小尺寸展示时出现不清晰甚至无法识别的情况。同时，简洁的效果也能从一定程度上提升图标的质感。如图 3-56 所示，"QQ音乐"图标（左图）与"饿了么"图标（右图）设计元素都非常简洁，即使缩小也可以看得清结构。

图 3-56

（2）独特的设计语言

目前，手机界面上的应用图标数量惊人。要想在数以万计的应用图标中制作出个性化且贴合用户需求的图标，就必须运用独特的设计语言，突出产品的核心特征和属性。如图 3-57 所示，"ofo 共享单车"的图标是由 3 个字母组成的一个单车的轮廓，简洁而又明确。

图 3-57

（3）设计语言符合产品性格

应用图标能带给用户对产品的第一印象，所以应用图标的设计语言一定要符合产品的性格。如图 3-58 所示，"抖音"的图标（左图）可以体现出产品青春、动感的性格，"ONE"的图标（右图）可以体现出产品安静、文艺的性格。

图 3-58

（4）不宜使用照片

在应用图标设计中，应尽量避免直接使用照片。因为图片缩小后很多细节都不容易看清，如此会影响图标的识别性。同时，由于图标缩小后图片质量也可能会降低，因此对图标的质感体现也会有影响。

（5）明亮鲜活的色彩

iOS 10 系统人机界面指南中阐明了其色彩搭配的一些规范，其内置的应用程序选择使用了一些更具个性的、纯粹的且干净的颜色。例如，iOS 系统内置的"图书"应用图标使用的是橙色，"天气"和"视频"应用图标使用的是蓝色，"健康"应用图标使用的是粉红色等，都从一定程度上体现了产品的功能应用属性，更方便用户区分，如图 3-59 所示。

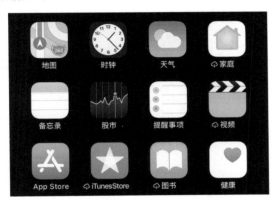

图 3-59

3.3.2 App功能图标

功能图标的样式有很多，作用也各不相同，在具体设计时要基于不同的应用场景选择不同属性的图标。同时，由于不同图标所表达的意义不同，其样式、复杂程度及大小也有所不同。功能图标可以让界面充满设计感，且通过图形化的设计让用户浏览界面时效率更高。

● **功能图标的设计原则**

（1）预见性

功能图标存在的最大意义是提高用户获取信息的效率，因此功能图标要做到即便是脱离文字，也可以让用户通过图标了解入口的属性。如果制作的图标只是好看而失去了识别性，就有些本末倒置了。一些比较抽象的图标很难让用户一眼就识别清楚，在优化过程中，设计师可以进行相关元素的联想，然后将它处理得尽量贴合表意。当然，针对有些以文字为主的装饰性图标，就不需要这么强的识别性了，但也要贴合文字内容主题去进行设计。如图 3-60 所示，以图标为主的功能入口一般设计得较为清晰和直观，而以文字为主的功能入口则会设计得较为简单、抽象一些。

图 3-60

（2）美观性

针对功能图标的制作，在保证识别性的前提下，要尽量做到美观。单个图标的美观呈现除了靠造型与配色，更多地体现在细节处理上。这里讲几个比较重要的细节。如果将一些复杂的图标放在不重要且面积较小的位置，会很难被识别，也就无法达到美观的效果了；如果将一些太过简单的图标放在主要功能入口，会显得粗糙。因此，将不同样式的图标放置在合适的位置，才能达到美观的目的。以"虾米音乐"为例，其主要功能入口的图标稍显复杂，而个人中心页的图标则较为简单，如此既表意明确，又使得界面整体看起来美观，如图 3-61 所示。

图 3-61

这里还需要注意的一点是，在设计线性功能图标时，注意切忌用反白的方式。因为线条无法压住大面积的色块，同时在有底色的背景上放置线性图标，也可能会使图标看起来粗糙。线性图标和面性图标使用反白效果对比如图 3-62 所示。

图 3-62

（3）统一性

在一个产品中，功能图标的数量往往较多，因此图标的统一性就显得尤为重要。统一的图标可以提升产品的品质感，并且同一属性的图标如果保持样式上的统一，可以降低用户认知成本，提升用户的使用效率。在功能图标设计中，要先保证同一属性的图标从风格、视觉大小、粗细、端点、圆角、复杂程度及特殊元素上实现统一。

风格上的统一很好理解，因此不做过多描述。对于视觉大小的统一而言，人的视觉是有误差的，因此有时完全保证两个图标的统一，在视觉上却并不一定协调。图 3-63 所示为两个高度相等的图形，我们看上去却会明显感觉到左边的正方形要大一些，而右边的圆形要小一些。

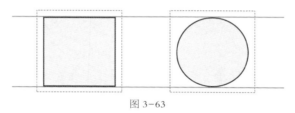

图 3-63

基于以上分析，在进行系列图标设计时，可以考虑将矩形稍微调小一些，或者将圆形稍微调大一些，使两者在视觉上看起来大小统一，如图 3-64 所示。

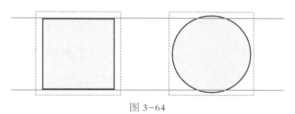

图 3-64

粗细统一、端点统一和圆角统一是细节上要留意的点，基本上没有难度。例如，针对同一表意目的的两个线性图标，如果一个图标的描边粗细是 1pt，那么另外一个也要保持 1pt 才行。端点统一与圆角统一也是同理，针对同一表意目的的两个线性图标，如果一个图标的端点采用了圆角样式，那么另外一个也需要采用圆角样式，如图 3-65 所示。

图 3-65

提示

不仅限于同一属性的图标，针对单个图标的设计，其粗细、端点和圆角样式也要保持统一。

复杂程度的统一指同一组图标内细节程度的统一。针对同一表意目的的功能图标，如果其中一个图标细节丰富，并且轮廓清晰，那么整组图标都要保持这样的细节程度才行，如图 3-66 所示。

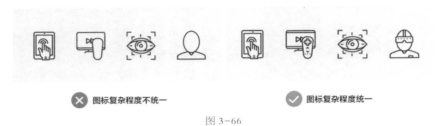

图 3-66

很多设计师在设计图标时，喜欢加入一些特殊元素，以此达到塑造产品性格并烘托产品气氛的目的。针对同一表意目的的功能图标，如果其中一个图标添加了这种特殊元素，其他图标都要添加才行，如图 3-67 所示。

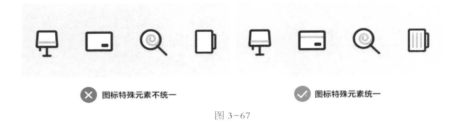

图 3-67

以上讲述的是同一表意目的的图标设计需要注意的原则。针对不同表意目的的图标，就不需要过多地强调细节上的统一了，迎合整个产品的性格即可，如"唱吧"等偏娱乐化并且目标用户多为年轻人的产品，如图 3-68 所示。

图 3-68

功能图标的表现形式及适用场景

（1）线性图标

线性图标是通过提炼图形的轮廓，然后简单勾勒而成的图标，线条描边多为 1pt。线条描边越粗，视觉层级越高。由于线性图标视觉层级较低，因此多在同一产品内且功能入口较多的情况（如在未点击状态下的底部导航按钮和辅助功能按钮等）下使用，而很少在主要功能入口使用。图 3-69 所示为线性图标的使用情况。

图 3-69

线性功能图标不宜过于复杂，图标在界面中越小就越要简单，如图 3-70 所示。一些功能入口图标在界面中所占面积可能较大，需要多一些细节才行，防止视觉上的单调。这种细节主要体现在端点、粗细线条结合及图形点缀等多种方式的结合处理上。

图 3-70

另外要注意的一点是，纯色线性图标适用于大部分常规的产品界面中，而多色线性图标更显活泼、年轻化，视觉层级较高，需要谨慎使用。多色线性图标如图 3-71 所示。

图 3-71

（2）面性图标

在界面设计中，面性图标更容易吸引用户的视觉，一般常用于一些重要的快捷入口处。面性图标又分为反白图标和形状图标两种类型。

反白图标是指底部由图形背景托起的图标。一般这种图标层级较高，常用于首页界面中，并且一屏的图标数量不超过 10 个，如图 3-72 所示。

图 3-72

形状图标是指没有底部背景，由纯粹的形状图形组成的图标，如图 3-73 所示。这种图标应用较广泛，设计方式也相对固定。在设计过程中尤其要注意的是图形风格与设计语言的统一。

图 3-73

（3）线面结合性图标

线面结合性图标比线性图标和面性图标多了一些细节，视觉层级也更高，常用在功能入口、空状态及标签栏等位置，如图 3-74 所示。线面结合性图标能突显年轻、文艺的视觉效果，对于属性较为稳重的产品界面设计来说不太适用。

图 3-74

3.3.3 常用的图标库

目前，由于互联网产品迭代较快，很多基础的图标并不需要设计师手动绘制，而是直接在网上的图标库下载调用即可。如此可以为设计节省很多时间，让设计师有更多的精力去思考用户体验方面的优化。而其中使用最多的是"iconfont"（阿里巴巴矢量图标库），如图3-75所示。

图3-75

提示

虽然图标库里的图标数量非常多，但风格各异。在具体选择和使用时，尽量挑选符合产品性格的图标，并且注意把握好统一性的问题。针对一些质量要求比较高或者主观设计成分较高的图标，个人建议还是手动绘制比较好，如功能入口、标签栏等位置的图标。

3.4 用户界面设计中的字体

之前笔者讲过，在界面设计中，一般使用系统默认字体。同时，针对中文字体的使用，很少有改动的情况。不过针对一些想要营造特殊格调的产品，会选择在App内嵌入字体。如图3-76所示，"贝壳找房"App界面（左图）中嵌入了系统默认的英文字体，"妙读"App界面（右图）中嵌入了系统默认的中文楷体。

图3-76

当然，在做偏运营活动风格的界面或其他物料设计时，字体也是非常重要的一个元素。这时字体选择得合不合适，对整个界面的格调和版式会有很大程度的影响。如图 3-77 所示，"QQ空间"的运营广告界面（左图）使用了充满趣味性的手写体，使得界面娱乐氛围更浓烈；"拉勾"App的互联网招聘活动运营界面（右图）使用了偏紧凑、正式的字体，使得界面商务氛围更浓烈。

图 3-77

3.4.1　衬线体与无衬线体

衬线体和无衬线体的根本区别：衬线体的横竖笔画粗细不一致，且笔画开始和结束的位置都有额外的修饰；无衬线体的所有笔画粗细一致，并且笔画的开始和结尾处都没有额外的线条修饰，如图 3-78 所示。

图 3-78

在扁平化互联网时代来临之前，由于衬线体的笔画有粗有细，在连续阅读时体验更好，因此备受青睐。然而在扁平化互联网时代到来之后，一切装饰都似乎变得多余了。尤其是在"寸土寸金"的屏幕内，大篇幅的衬线体文字会不利于阅读，因此衬线体在目前的界面设计中是极少出现的。但一些需要塑造产品性格的标题当中还是会用到衬线体，如图 3-79 所示。

图 3-79

3.4.2 字体性格的形成

前面笔者说过，色彩是有性格的。实际上，字体也是有性格的。

● 字体性格的具体塑造方法

我们知道字体有字形结构、笔画和细节特征这3个构成要素，而字体性格的具体塑造需要通过4个方面来完成，包括笔画粗细的控制、字形高低的控制、字体重心的控制和笔画松散程度的控制。

（1）笔画粗细的控制

粗笔画的字体在视觉上其笔画的负空间较小，常常作为视觉重心并起到强调的作用。同时，粗笔画的字体能形成一种压迫感，并且给人以阳刚、沉重、严肃和坚硬的感受；细笔画的字体在视觉上其笔画的负空间较大，结构疏朗清透，不会有压迫感，给人以纤细、优雅、放松、文艺和时尚的感受。如图3-80所示。

图 3-80

提示

在界面设计中，注意不要使用过细的字体，因为过细的字体识别性较差。同时，也注意不要使用过粗的字体，因为过粗的字体会造成用户视觉负担过重，容易引起不适感。

（2）字形高低的控制

一般来说，较高的字体显得较瘦，较低的字体显得较胖。如图 3-81 所示，较瘦的字体更女性化，给人以时尚、优雅及轻盈的感觉；较胖的字体更男性化，给人以沉稳、厚重的感受，并且容易让人产生信赖感。

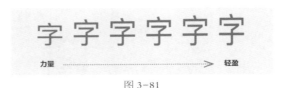

图 3-81

（3）字体重心的控制

此处的重心指物体的视觉中心点。字体的视觉中心点与几何中心点不同。如图 3-82 所示，字体的视觉中心点越高，字体越显轻盈、滑稽和有趣味；字体的视觉中心点越低，字形越显笨拙、淳朴和可爱。

图 3-82

（4）笔画松散程度的控制

在日常生活中，我们看到的大多数字体都给人以比较轻松、活泼的感觉，而书于庙堂、铸于钟鼎，或者付梓成书、传于后世的文字，则给人一种严谨和端庄的美。而其本质上的区别则是结构的松散与严谨之分。如图 3-83 所示，字体结构越松散，笔画的内部空间留白越多，给人以轻松、透气和随性的感受；字体结构越紧凑，笔画的内部空间留白越少，给人以紧张、庄重、有力度的感受。

图 3-83

● **常见字体的性格及适用场景**

下面，笔者将围绕黑体、宋体与楷体、圆体、书法体及特殊字体等分析其不同的性格及适用的场景。

（1）黑体

黑体是无衬线体的代表，特点是笔画简单、横竖均匀，在手机界面中较易识别，并且充满现代感，多用于一些正文属性的文字排版中，如图 3-84 所示。iOS 系统与 Android 系统内置的默认字体都有黑体字。

（2）宋体与楷体

宋体与楷体这两种字体在以往的书籍排版与印刷中很常用，而现代设计都讲究以简单为主，因此在界面设计中这两种字体不会被大范围使用，而多在特意想营造中国风或复古氛围的情况下使用。如图 3-85 所示，在"妙读"App 的界面设计中，选择用楷体字来营造产品的书香氛围。

（3）圆体

圆体相比其他字体来说多了几分圆润感，给人的感觉是亲和力十足，多用于儿童类产品或者女性类产品的界面设计当中。图 3-86 所示为一款儿歌类产品，产品内多使用圆体来增加亲和力，并且消除了字体棱角给小朋友带来的紧张感。

图 3-84   图 3-85   图 3-86

（4）书法体

书法体风格突出，导致识别度较差，基本上不用于大篇幅文本甚至文字较多的标题，而多用于短标题当中，可以营造出一种中国风的氛围。同时，某些特定的书法体还可以给界面营造出一种刚劲、大气的氛围，并且多被运用在运营活动或者 App 的启动页、引导页当中。如图 3-87 所示，"大麦网"App 启动页使用的书法体给画面营造出了青春洒脱的视觉氛围。

（5）特殊字体

特殊字体即使用倾斜、变形等手法特殊处理过的字体。这一类字体在设计运用当中很容易引起人们的关注，在做一些有针对性的活动界面时较容易被使用到。在选择和使用特殊字体时，要注意分析并判断其字体性格是否和产品的调性相符，不可盲目使用。图 3-88 所示为"拉勾"App 在成立四周年时设计的一个 H5 界面。设计师用原创特殊字体来迎合互联网招聘的产品格调，并且在笔画上通过有规律的拐角设计，使其与"拉勾"的字面表意相吻合。

图 3-87   图 3-88

3.5 用户界面设计中的细节规律

就个人而言，一个好的界面不仅要求整体布局合理，还要求注意细节的处理。移动端的界面设计面对的是几寸的屏幕，而让复杂的信息在几寸的空间范围内有秩序地呈现，对用户体验设计师来说是件不容易的事情。

那么在日常工作中，我们应该如何提升自己对界面细节的把控能力呢？针对这一点，在笔者看来，除了在设计时要用心，学会全方位思考以外，了解并厘清界面中每一个控件所表达的意义，并进行有规律的安排和设计也是很重要的，主要包含以下 5 个方面。

3.5.1 圆角与尖角的使用规律

圆角和尖角的使用规律在生活中随处可见。在孩子小的时候，家长都喜欢让孩子玩皮球或布娃娃，即使孩子不在看护状态下，家长也会感觉比较放心。因为皮球和布娃娃本身是很圆滑柔软的，看起来不容易对孩子造成伤害。而如果孩子无意间拿起尖锐的木杆，或者其他一些锋利的东西想要玩耍时，家长便会产生危机感，担心这些物品会伤害孩子，从而提醒孩子不要碰，甚至直接将这些东西拿走。这就是锋利的尖角给人造成的"回避反应"。图3-89所示为圆角与尖角的对比。

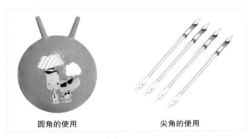

图 3-89

在圆角和尖角的使用上，我们需要注意以下两点规律。

● 圆角产生亲和力，尖角产生距离感

在界面设计中，我们很少会使用尖角元素，而多采用圆角元素，以此从心理上拉近产品与用户的距离，并且圆角越大越具有亲和力。图3-90所示为母婴类产品"贝贝"的界面效果及其示意图，仔细观察会发现，整个界面几乎没有尖角出现，且圆角弧度也处理得较大，如此可以让画面氛围更具亲和力。

图 3-90

提示

圆角的大小需要根据产品的具体属性来定。例如，针对母婴类的产品界面设计，圆角会处理得较大一些；针对工具类的产品界面设计，圆角会处理得较小一些。同时需要注意的一点是，在一个界面当中，相同的版式下圆角的大小是要统一的。

- **圆角缺乏稳重感，尖角具有权威感**

在界面设计中，圆角的使用优势在于其能带给产品更多的亲和力，但与此同时也缺乏稳重感；尖角的使用优势是其可以给产品制造权威感，让产品看起来更有档次，但与此同时会让用户产生距离感。图 3-91 所示为一款国外的针对高端用户的电商产品的界面效果，界面中尖角的合理使用让画面整体看起来大气、上档次，也在一定程度上提升了产品的质感。

图 3-91

3.5.2 箭头的使用规律

箭头在界面设计中是不可或缺的元素。不同的箭头代表着不同的意义。在这里，笔者将其分为以下 4 种情况进行解析。

- **右箭头：进入新界面**

在 iOS 系统中，右箭头一般表示跳转到一个新的界面，多在界面信息不是太多的情况下使用。同时，箭头的样式没有固定规范，一般根据界面的风格或信息层级的重要程度来定。界面信息层级越低，则箭头效果越弱；界面信息层级越高，箭头效果越强。与此同时，右箭头还有一种功能，那就是指引用户横向滑动屏幕，以显示出右侧隐藏的内容。不过，如今更多的是通过遮挡住的、未显示完整的图片或文字来给用户传达右侧隐藏的信息。

右箭头在界面设计中虽然可以对用户起到很好的提示作用，但也不能随意使用。图3-92所示为"携程"App的界面效果。在左侧界面中，由于"特价机票"这个大标题中"更多"按钮的信息层级较低，并且在界面中出现的次数较少，因此使用了右箭头来强调它的可点击性。而右侧界面中的列表页信息较多且列表较密集，即使没有箭头，也能让用户产生点击欲望，因此没有添加右箭头的必要。

图3-92

提示

如果界面中信息过多或布局受限，"跳转到新界面"也可以不用箭头表示，而用加粗标题或其他方式来表示。

● 左箭头：返回前一页

左箭头一般出现在界面的左上角，并且带有"返回前一页"的提示作用。当然，有些App也习惯将"返回"按钮放到左下角。图3-93所示为"优阁网"的界面效果和"每日优鲜"的界面效果。左图"优阁网"界面中的"返回"箭头在界面底部，单手操作时更容易点击，但用户的习惯受到挑战；右图"每日优鲜"界面中的"返回"箭头常规性地放在左上角，虽然单手操作时不太方便，但更符合用户的习惯。

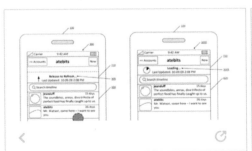

图3-93

说到这里，有人可能会产生疑问："为什么'返回'这么高频率的操作要放到不利于点击的界面的左上角呢？"这其实是有原因的。在用户日常的网页浏览过程中，由于"返回"操作的频率太高了，因此每一个二级页都要有"返回"箭头。这时候如果"返回"箭头在界面左下方的话，就需要一个工具栏来承载它，那么每一个二级页就会因"返回"箭头而多了一个工具栏，缩小了信息展示区域。如果正巧某个界面需要工具栏，在诸多的工具按钮之间出现一个"返回"箭头，也很容易让用户误操作。而导航栏是每一页都会有的，因此"返回"箭头放在界面左上角是比较合适的，在用户浏览过程中不会产生过多的视觉负担。新增工具栏放置"返回"箭头的情况如图 3-94 所示。

图 3-94

　　"返回"箭头之所以要放在界面左上角，还因为目前 iOS 系统的界面基本都是右滑操作后返回前一页，Android 系统中也基本都有系统内置的虚拟返回按钮，所以界面内的"返回"箭头并不是唯一的返回交互方式，也就更没有放置在界面左下角的必要了。如图 3-95 所示。

图 3-95

● 上箭头和下箭头：展开与收起

上箭头在用户界面中表示"收起部分内容"的意思，下箭头在用户界面中表示"展开全部"的意思。当界面中信息过多且需要隐藏，而又不想让用户跳转界面查看全部内容时，"展开"与"收起"箭头则成了一种比较理想的交互方式。同时，上箭头和下箭头作为功能图标还有一种"赞同"与"不赞同"的表意。如图3-96所示，"知乎"App界面（左图）与"最右"App界面（右图）都使用上箭头和下箭头对"赞同"或"不赞同"进行表意。

图3-96

● 圆形箭头：刷新与同步

圆形箭头一般表示"刷新界面"或"换一批内容"的意思。当然，在一些特殊环境下也表示"同步消息记录"或"其他同步信息"的意思。图3-97所示为"得到"App的界面效果。界面中"猜你喜欢"功能使用了圆形箭头，并起到了"换一批内容"的指导性作用。

图3-97

3.5.3 投影的使用规律

投影在界面设计中是一把双刃剑：用得好可以增强界面层次感，让界面更加生动活泼；而用得不好则会让界面看起来脏乱不堪。因而，要尽量将投影使用在大面积的信息卡片上，而避免使用在单个元素上。

在界面设计中，对于投影的使用我们需要注意以下两个规律。

● **尽量不要使用纯黑色**

在界面中制作投影时，需要避免将投影的颜色直接设置为黑色，然后调整透明度，这样很容易让界面看起来脏乱。在界面背景带有明显色彩倾向的情况下制作投影，建议吸取背景色作为投影的颜色，然后把明度与纯度降低一些即可；如果界面背景为白色且界面中的产品带有一定的色彩倾向，建议吸取产品色作为投影颜色。

● **根据不同情景选择投影强度**

一般情况下，用户界面中的投影强度都不会太明显，而且采用"弥散式投影"的情况较多，能进行层级区分即可。如图 3-98 所示，淡淡的投影让界面中的卡片富有层次感。

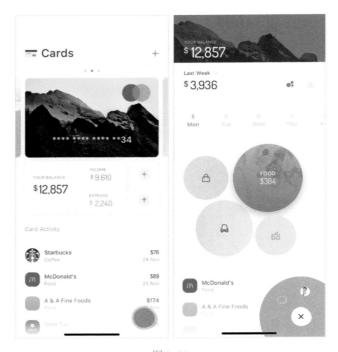

图 3-98

在制作一些 Banner 或 H5 场景效果时，投影可以稍微明显一些，以此来营造出一些特殊的氛围。如图 3-99 所示，这张 Banner 在设计中通过强烈的投影效果来营造立体感。

图 3-99

3.5.4 分界线的使用规律

一般情况下，分界线在用户界面中起到的作用是分割信息板块。在以往的产品界面设计中，设计时都习惯将分界线处理得较深和较粗。然而随着设计语言的不断迭代，分界线在界面中已经越来越淡化了，而更多的是通过大间距区分信息板块，使界面信息看起来既直观又清爽。

在界面设计中，针对分界线的使用需要注意以下两个规律。

● 分界线多出现在文字板块

如果用点、线、面来形容界面中的元素，文字是点，分界线是线，图片是面。当点过多、内容过于琐碎时，就需要用分界线将信息进行分界，而面本身就起到分界的作用，所以图片之间一般不使用分界线。如图 3-100 所示，如果一个界面中的信息列表是图文结合形式的，那么分界线一般只在文字部分出现，而不会出现横穿整个界面的情况；当然还有一种情况，在同一界面中有多个不同的大板块需要区分时，分界线就需要横穿整个界面。

分界线一般只在文字部分出现　　　　　　　不同板块之间分界线横穿整个界面

图 3-100

- **提示性短线出现在状态栏**

提示性短线存在的意义是让用户了解自己当前所处的位置与状态。在以往的界面设计中，设计师都习惯将这种提示性短线处理得很长；而在如今的界面设计中，设计师则更多地习惯将其"点到为止"即可，如图3-101所示。

图3-101

3.5.5 对齐方式的使用规律

对于用户界面来说，对齐不仅可以让界面看起来更规整且更易读，还可以大大缩短程序开发的时间，提升工作效率。界面设计中常见的对齐方式有左对齐和居中对齐两种方式。

左对齐是界面设计中较常用的对齐方式。从横向上来说，人的阅读习惯是由左向右的，因此在一些字段长度不可确定的列表中，可以通过左对齐确定每一行字段开始的点。尤其是在文本信息较长的情况下，左对齐可以让界面的文本更加整齐，提升阅读体验，如图3-102所示。

图3-102

在用户界面中，居中对齐方式相对左对齐方式来说使用得没那么多，但也比较常见。居中对齐方式可以给界面制造一种仪式感。如图3-103所示，新闻类产品界面中内容页的主标题和音乐播放类产品界面中的歌词均采用了居中对齐的设计方式，如此可以让界面更具仪式感，看起来更舒服。

图 3-103

提示

居中对齐不适用于内容信息较复杂且板块较多的界面，否则界面会给人以凌乱的感觉。

无论是左对齐排版还是居中对齐排版，在界面设计中都要遵循以下两个规律。

● **文本不一定都和图片对齐**

在图文列表中，当图片位置过高时，文本不需要刻意与图片的上下两边对齐，否则会使两边信息出现视觉断层，也就是俗语说的"上顶天，下顶地，中间留空气"。在这种情况下，设计师需要在上下两边各保留一些间距，让两段文字更有关联性。如图 3-104 所示。

❌ 刻意贴紧两端会使信息断层　　✅ 给出间距，让信息具有关联性

图 3-104

当 Logo 或头像等较小的元素作为图片出现在界面中时，版面中可能会出现文字高度超过图片高度的情况。这时候只需要保持文字纵向对齐就可以了，而不需要强制性地将文字与列表边缘对齐，如图 3-105 所示。

图 3-105

● **表单界面标题与内容对齐**

在界面设计中，当标题与内容需要在同一行中呈现时，如果标题字数固定，那么可以将其在固定范围内显示，并且尽量做到标题与标题对齐，内容与内容对齐，而不要出现标题后面紧跟内容的情况，这样会因为标题长度的不同导致界面信息缺乏秩序感，如图 3-106 所示。

图 3-106

第 4 章

视觉体验进阶

　　本章主要介绍用户体验设计师实际工作的产出内容，从打开产品的引导页到数据为空状态的设计技巧，逐渐扩展到运营 Banner 设计，最后深入到界面层次感的打造及不同风格产品的设计路线，全面解决用户体验设计实际工作中的难题。

4.1 设计中的感性与理性

　　设计是感性与理性的结合体。只有感性与理性完美融合，才能让设计呈现出自然而又独特的美感。感性是感官知觉，人类对事物的感知最初是通过感觉器官进行的。这些事物的信息以各种形象为载体，通过感觉器官传达至人类的大脑，从而形成如视觉、听觉、味觉、触觉及嗅觉等感觉。感性是听从内心的声音，理性是听从大脑的声音。理性让人有逻辑性，感性让人自然人性化。如果理性束缚意识自由，感性就要消除压力。

　　感性认识是理性认识的基础。在设计中，感性是人性的表达，它所涉及的方面有形态、色彩及材质等。感性作为设计师对客观事物的直观认识，可以给设计师提供多种选择，让设计师充分表达自己的审美观；理性的特点是逻辑性强，强调思辨性，它让我们明确设计的美不是无缘无故产生的，这其中都是有规律可依的。如图 4-1 所示。

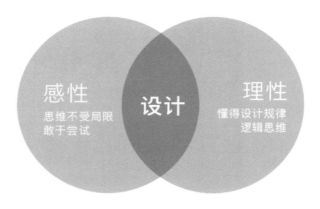

图 4-1

　　在这里，笔者举一个很简单的例子。当我们看到一个产品，感觉它很美，但从格调上却说不出来为什么美，这就是纯粹的感官知觉。换言之，针对这个产品，如果我们不仅能感觉到它的美，并且能说出这个产品美的呈现方式，并通过何种设计手法来达到这种效果，这就属于大脑理性的思考。感性的设计可以让自己不断地突破，去尝试新的设计形式和方法，但太过感性的设计通常经不起推敲，不过这并不意味着越理性的设计就越好。太过理性的设计会限制设计师的思维，让其不敢去尝试理性之外的东西。所以，设计是感性与理性相结合的工作。

4.2 引导页的设计

<u>引导页，顾名思义就是指引导用户如何使用产品，或者告知用户产品与竞品有哪些差异的界面。</u>

引导页之所以会大量地出现在移动端的产品中，是因为其受传统 PC 时代软件说明书的影响。PC 时代的一个软件，用户往往不知道如何操作，甚至需要上专门的课程学习才行，如 Office 系列。因此，每个软件一旦发布，必然配备使用说明书，以帮助用户学习并熟悉操作。但在移动互联网时代，人们的学习渠道变广，想要了解一款软件的操作方法变得比较容易，也就不需要软件商在发售一款软件的同时提供厚厚的说明书了，而是使用了"引导页"这种轻量级的方式。

4.2.1 引导页的制作形式

引导页的制作形式分为 3 种，即产品介绍型、操作指引型和讲故事型。

● **产品介绍型引导页**

产品介绍型引导页的首要作用是对产品进行简单的介绍，让用户对产品有一个大致的了解；其次是体现产品的格调，让用户清楚地知道产品的风格及产品的品牌形象。产品介绍型引导页内容的展现形式多为文字配合图片的形式。

如图 4-2 所示，界面信息采用文字与图片结合的方式进行展现。其中，文字是对产品优势的概括和介绍，图片主要用于烘托氛围。文字下方是进度条，目的是让用户了解当前自己所处的位置。

图 4-2

针对产品介绍型引导页，除了以上说到的文字配合界面的展现方式，还有另一种展现方式是简短的标题配合具体的文字介绍，如图 4-3 所示。这种方式主要运用在功能介绍类或使用说明类的引导页设计上。这种方式的优点是能较为直接地传达产品的主要功能。其缺点是过于模式化，视觉效果会显得千篇一律。

图 4-3

● 操作指引型引导页

引导页除了会在首次打开产品时出现，还会在产品内首次打开某个界面时出现。当产品内某个功能学习成本较高时，就可以使用操作指引型引导页来让用户清晰地了解产品的某项功能。这种设计方式的优点是可以具体到某个界面，并且能更有针对性地指引用户进行操作。同时，相比于首次打开产品，这种引导方式更能加深用户的印象。但在用户使用过程中，不经意间弹出的引导页会打断用户操作，容易引起用户反感，所以对于一些用户较容易理解的功能则尽量不要采用这种方式。

图 4-4 所示为"项目工场"App 的界面效果，在其新增"全库搜索"这种竞品中较为少见的功能时，就需要操作指引型引导页来帮助用户了解其功能；"为你推荐"这种功能对于产品团队来讲成本较高，并且可以体现一个产品的优势，因此可以使用操作指引型引导页来唤起用户的注意，从而提升功能的点击率；"新与热"的一键切换功能同样较为少见，因此也可以使用这种引导页方式来降低用户的误操作概率。

图 4-4

● **讲故事型引导页**

使用讲故事型引导页的主要目的是营造具有浓烈感情色彩的场景，唤起用户心底的情感，让用户与产品产生共鸣，并构建起用户与产品之间的某种联系，增加用户对产品的关注，提升产品在用户心理认知中的价值感。

如图 4-5 所示，这是一款留学生租房类产品的界面效果。该界面通过讲故事的方式渲染气氛，戳中了留学生为了梦想背井离乡的痛点，让用户对产品产生情感上的共鸣。

图 4-5

4.2.2 引导页的设计规律

引导页的设计规律主要有以下 3 个方面。

● **控制文字量并有效传达信息**

从心理学的角度讲，人类对于文案在短时间内能记忆住的字符不超过 9 个。超过 9 个字符，用户是很难记住的且容易遗忘。所以针对用户界面，在文案设计上应该尽量做到精简。如果精简后依然超出极限字数，可以通过排版的方式对文案内容进行层次划分，突出需要用户记忆的字符并弱化其他字符。一般来说，突出的字符保持在 2~7 个是比较容易记忆的。通过断句的方式，将长的文案变为短的子单元，这样可以扩大短时记忆的容量。而断句可以通过打标点、留空格和断行的方式来实现。图 4-6 所示的引导页将文案分为了两屏显示。

图 4-6

提示

人类对于内容的短时记忆的容量有限，一般为 7 ± 2（5~9）个项目，这也是平常我们所说的"记忆广度"。

● **改变常规的交互方式**

现在引导页的切屏基本都为左右滑动的交互方式，我们也可以通过改变现有的交互方式引起用户更多的关注。不过，这种新的交互方式应该与设计的内容相匹配，同时要配合使用一些可以协助用户认知的元素，让操作变得自然且容易，如现在很多视频动画形式的引导页或进入首页之后弹窗式的引导页等。

如图 4-7 所示，弹窗形式的引导页可以将引导页与首页合为一体，从而避免引导页到首页流程的用户流失。

图 4-7

● **信息聚焦**

　　引导页中不要有过多的视觉焦点，如此容易分散用户的注意力，导致用户不知道该看哪里。当界面中的信息聚焦在某一点上时，用户能快速准确地定位到需要阅读的信息内容上，达到尽快消化信息的目的。信息的聚焦需要设计师对信息的内容进行取舍，尽量剔除不需要的内容。若精简后内容依然较多，则可以通过拉开信息的层次让主要信息突显出来。在设计中尽量将内容整体化，形成几个大块的信息，不要过于琐碎。琐碎的内容不利于信息的获取。由于用户对信息的认知是由整体到细节的，用户在阅读内容的时候，更习惯先将内容抽象地看成一个整体，然后仔细阅读整体中的细节内容。因此，在界面设计中，我们也要考虑到用户的这个需求。

　　如图 4-8 所示，左侧的界面信息过于散乱，用户在阅读时信息获取难度较大；右侧的界面信息较规整，用户浏览时获取信息较容易。

图 4-8

4.3 空状态的设计

　　在用户界面中，产品内的购物车为空、某界面出错或不存在及断网等情况，都可以称为"空状态"。从表现上来看，空状态给人的感觉是临时性的且微不足道的，因此在设计中很容易被设计师忽略。但实际上，空状态在界面操作的引导性、用户体验的愉悦性，以及保留用户等方面有着不可忽视的作用。

　　直观地讲，空状态存在的意义体现在以下 3 个方面：让用户知道这个界面目前是空的还是加载失败的，避免用户进行无意义的等待；空的界面本身就会令用户体验不佳，设计师就需要把一无所有的界面变得饱满，告知用户接下来可以做些什么，并提供一些快捷的操作方式，如图4-9所示。

图4-9

4.3.1 空状态的分类

空状态可以分为以下3种类型。

● **系统推荐型空状态**

既然空状态如此影响用户体验，那么最直接的想法当然是在空白界面中填充一些东西，这样就不是空状态了。对于一些信息浏览界面来说，这的确是一个非常简便易行的方法。既然没有东西，那么我们就推荐一些东西给用户，这样界面就不会显得很空了。所以说，这种方法非常适合在应用启动时（并且是初次启动时）使用，而且这种方法其实已经非常流行了。

例如，在初次打开"钠镁股票"时，首页是自选股界面，如图4-10（左）所示。按理说，笔者没有进行任何操作，这个界面自然也是空的。然而事实并非如此，"钠镁股票"自动推荐了多种股票供你选择，这样就完美地解决了问题。"知乎"App的界面也类似，既然没有关注，就推荐给你一些大家都在关注的人和话题，如图4-10（右）所示。不过推荐什么东西是有讲究的，通常是一些热门的东西。

图4-10

- **操作指引型空状态**

在有些场景下，的确是可以通过系统推荐项来填补空界面。例如，在电商类产品"我的关注"功能中可以推荐一些热门商品来填补空界面，同时又可以提高商品曝光率。但这种方法不是万能的。举个例子，假设有一款图片分享类的 App，其中有个界面是"我的图片"，如果我们从来没有发布过图片，这个界面理所应当就是空的。在这个时候，第一种方法显然是不可行的。当然，空的界面又不好，此时可以通过操作指引来引导用户使之产生内容。

这时候的逻辑是这样的：界面展示应该产生的内容→界面中没有产生内容→指引用户使之产生内容。这样既消灭了空界面，又可以产生内容，一举两得。而且，这种方法还可以解决一种问题：用户不知道产生内容的入口在哪。图 4-11 所示的两个界面都是采用这种方法进行设计的。

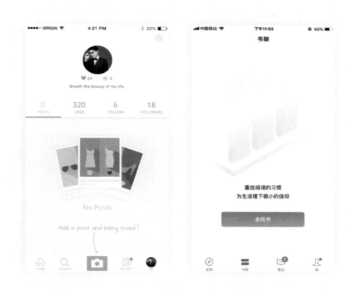

图 4-11

- **情感表达型空状态**

当空界面是用户操作的结果时，我们只能提醒用户这就是空状态。只是在这样一个追求用户体验的年代，大家开始把这个提醒表达得更加生动形象。这里会加入一些情感化的表达，而不只是冷冰冰的文字。对此，常规的做法是给空界面配一些插画，用心一些就可以把插画做得有意义或有趣一些，并且把文案写得更委婉些。这些插图在让用户明白当前状态的同时，往往也能引用户会心一笑，从而弥补空界面带来的失落感，甚至可以带给用户一些正面的情感。

例如，在"每日优鲜"App中，如果当前"我的订单"为空，或者"商品券"为空，都会有卡通人物根据不同场景做出不同的动作，文案也有趣味。如图4-12所示，在"我的订单"为空时，文案为"这里没有相关记录呦，返回上一级页面逛一逛吧~"（左图）；在"商品券"为空时，文案为"啊嘞？没有券啦，庆幸的是我还有你"（右图）。

图4-12

4.3.2 空状态的设计技巧与注意事项

空状态的设计需要注意以下两个方面的问题。

● **避免死角**

空状态不仅会出现在某个界面为空时，还会出现在界面当中的某一个板块为空时，或者断网时，或者已经发布的内容被删除时，都要让用户了解当前到底发生了什么。好的做法是，当完成一个界面设计时要确认一遍，这个界面哪里会没有数据，断网、弱网的时候如何显示，在用户使用一个产品并完成一个从未用过的功能时，不能让用户进入"死胡同"，造成额外的损失。图4-13所示分别为内容被删除和板块为空时的空状态设计实例。

图4-13

● 不是每一个空状态都需要设计

虽然上面说到要避免死角，要去思考每一个可能出现空状态的情况，但是并不是每一个空状态都需要去精心设计。如果当前整个界面为空，精心的图案设计可以避免引起用户反感。但是当一个界面有很多板块，其中某一个板块或多个板块为空时，就不需要每一个板块都配以图案了。因为用户在当前界面还可以浏览其他内容，并不想被一个空的板块占据太多空间。常规的处理方法有以下 3 种。第 1 种是让整个板块隐藏起来。既然没有内容，就当这个板块不存在。第 2 种是给当前板块推荐相关内容。第 3 种是如果出于特殊原因不能隐藏整个板块且也没有内容可推荐，就给其提供一段提示性文字，尽可能地不影响用户阅读其他信息。"海豚股票"的界面就使用了第 3 种方法，如图 4-14 所示。

图 4-14

4.4 Banner的设计

Banner 可以作为网站界面的横幅广告，也可以作为活动时用的旗帜，还可以作为报纸、杂志上的大标题。Banner 在移动端的界面设计中可以理解为最高视觉层级的功能或活动入口。在设计 Banner 时，通常要考虑到 Banner 在界面中所占面积较大，同时设计风格要能够吸引用户的眼球，因此会运用一些富有设计感的色彩、字体等元素。

在移动端设计中，Banner 的尺寸并没有固定的规范，只需设计固定宽与高的比例，然后根据场景的需要自行定义即可。当然，尺寸既然没有规范，形状自然也不会有规范。Banner 的形状可以是规矩的矩形，也可以是圆角矩形，甚至弧形，前提是不偏离产品整体的调性。"淘宝"的Banner（左图）与"京东金融"的Banner（右图）如图4-15所示。

图4-15

4.4.1　组成Banner的五要素

无论什么类型的界面设计都是有规律可依的，Banner设计也是同理。一个常规的Banner一般会由文案、素材商品或模特、背景渐变、纹理叠加和点缀图形组成，如图4-16所示。只要能把这些元素围绕一个主题融合在一起，让版面达到表意的同时能保持画面整体和谐，就是一个好的Banner作品。当然，这些元素并不一定在每一个Banner中都会出现。例如，有些纯文案类型的Banner就没有素材商品或模特，或者有的Banner为了营造高冷、极简的氛围，不需要点缀图形，这就需要我们根据不同版面情况灵活运用了。

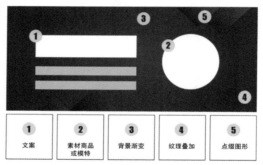

图4-16

这里，通过对图4-17所示的案例进行元素拆分分析，就可以寻找到Banner设计的规律。第一，在文案设计上，首级文案的字体所占面积较大。文案经过设计连接成为一个整体。当文案过长时，可以分为两行排列，同时注意一行文字不超过9个，如此可以使用户一眼就看到Banner所传播的主题信息，并且加深用户对产品的印象。第二，设计背景渐变。背景通过渐变设计，视觉上更有纵深感，符合生物逻辑。同时，用色也选择了与主题更贴合的科技蓝。第三，纹理叠加。在该界面中，虽然没有大面积的纹理叠加，但也足以让背景更具设计感，从而避免单调。同时，界面中的纹理颜色为白色，并采用了半透明设计，使其视觉上可见，又避免喧宾夺主。第四，点缀图形。在这个界面中既没有实物点缀，也没有人物点缀，因此图形点缀尤为必要。较大面积的点缀图形可以让画面更饱满，同时图形颜色选择与背景类似的颜色，既从视觉上避免层级太过跳跃，又让画面色彩与版式更具层次感。

以上的元素拆分分析充分展现了 Banner 的组成要素。在日常工作中，设计师只要遵循这些设计规律，并且具备控制版面色彩与版式平衡的能力，Banner 设计也就变得得心应手了。

图 4-17

在找寻到 Banner 的设计规律之后，我们再对目前较为流行的一些 Banner 作品进行翻看和观察，是不是感觉各式各样 Banner 的设计手法也是"万变不离其宗"呢？"世界人工智能大会"Banner（上图）和"移动观象台"Banner（下图）如图 4-18 所示。

图 4-18

4.4.2 Banner的组成形式

Banner 的组成形式分为以下两种。

● **纯文案型**

纯文案型 Banner 一般会出现在电商以外的产品当中。由于这种 Banner 一般不是为了推销物品，同时画面中也很少出现实物元素，而是重点突出文案，因此需要在字体层级及字体设计方面下功夫。如果文案较少，或者画面需要元素烘托气氛，就要手动去绘制元素了。元素的绘制应尽量贴合 Banner 的主题。例如，在推广安全管家类的产品时，可以绘制一些盾牌元素；在推广在线教育类的产品时，可以绘制一些书籍或教师元素；在推广艺术类或其他一些很难通过某种元素去具象出来的产品时，可以通过抽象图形去强调 Banner 的版面气氛。例如，在设计一个站酷艺术展相关的 Banner 时，抽象图形的加入可以让界面效果更丰富，也更具艺术气息，如图 4-19 所示。

图 4-19

- **文案与素材结合型**

文案与素材结合型 Banner 在电商类或音乐类产品中应用较多。电商类产品的 Banner 通常是为了推广商品，音乐类产品的 Banner 通常是为了推广歌曲专辑。在进行此类 Banner 的设计时，需要注意权衡文案与素材的层级关系，同时文案与素材要尽可能地统一风格。例如，图 4-20 所示为京东商城的商品推广 Banner，文案与素材搭配渐变背景与图案，可以营造出热闹的氛围。

图 4-20

4.4.3 Banner的风格分类

Banner 的风格大致可以分为以下 6 种。

- **素雅文艺型**

素雅文艺型 Banner 最明显的特点就是存在大面积留白。字体多采用宋体。同时，在字号对比的处理上，除一级标题字号略大些，其他文案的字号都非常小，给人以精致的感觉。在色彩的处理上，整体色彩饱和度较低且明度较高，灰白色系较为常见。这类 Banner 多运用在茶叶、棉麻制品，以及以简洁为特色的家居用品的广告宣传上，如图 4-21 所示。

图 4-21

● 高冷时尚型

高冷时尚型 Banner 最大的特点就是文案信息简洁。通常文案只有几个字且比较偏个性化，字体多采用黑体等无衬线体，以突显简洁感。用色不会太多，大色调一般不超过两种，颜色的饱和度因品牌而异，一般不会太高。素材图在这种 Banner 中会占有较大的比例，摄影效果非常细腻，细节突出，一些大品牌的产品尤其强调这一点。点缀元素也尽量谨慎使用。一般会直接放一张产品细节放大图，然后配上简单的几个字并根据网格对齐。苹果手表的 Banner 设计如图 4-22 所示。

图 4-22

● 传统中国风型

传统中国风型 Banner 采用灰调居多，文字也多采用中国特色的书法字体，并且文案多竖排，且按照从右向左的顺序排版。尤其要注意无衬线体和渐变质感元素的使用，它们一般不适宜出现在中国风的氛围中。可以营造中国风氛围的元素有印章、山水画、墨迹、扇面、剪纸、园林窗格、祥云、京剧元素和卷轴等。"荷塘月色"界面（左图）和"凉茶"界面（右图）如图 4-23 所示。

图 4-23

● 青春活力型

由于青春活力型 Banner 的目标用户是年轻人，而相比年龄稍大的用户来说，年轻用户的学习能力和理解能力都更强一些，因此排版可以较为随意；用色一般饱和度较高，色彩丰富，根据情况可以选择互补色或对比色搭配，让界面更具张力；字体的选择也较为随意，标题字不宜过细；背景多一些图形或者商品点缀，可以让画面更年轻化。图 4-24 所示的手机广告 Banner 就采用了这种设计风格。

图 4-24

- ## 节日促销型

节日促销型 Banner 同样在电商类产品中最为常见。这种类型的 Banner 意在营造热闹的氛围，通常视觉层级会比较高，色彩丰富，饱和度较高，其中红、黄、紫更能营造促销的氛围。画面较为饱满，很少留白，主标题多用刚硬、有棱角、夸张、有视觉冲击力的字体，并且字号会比较大，以增强用户的点击欲望。在设计中常见的元素有鞭炮、舞台、灯光、五彩的渐变、冲击性强的线条和多边形等。图 4-25 所示的 Banner 就采用了这种风格。

图 4-25

- ## 科技概念型

科技概念型 Banner 一般颜色较暗，光效可以体现出科技感，尽量避免使用大圆角元素。正如前面所讲，圆角具有亲和力，而科技感却需要营造那种遥不可及、深邃高远的氛围，所以圆角就不适宜了。用色以蓝色、黑色和紫色等冷色调为主，画面给人以硬朗感、空间感、速度感和力量感，可以用到的点缀元素有光效、金属效果、线条、光点和宇宙等。图 4-26 所示的 Banner 就采用了这种风格。

图 4-26

4.4.4 Banner的设计技巧及注意事项

在 Banner 设计中需要注意的问题包括以下两个方面。

● **主题明确，构图紧凑，整体性强**

在设计 Banner 之前，先要确定 Banner 所服务的产品属性与应用场景，从而确定整体风格调性。Banner 设计比较考验设计师的综合能力。从版式构图到字体设计，再到整体的图形元素绘制、配色氛围的控制，都是在营造一种格调，让用户在看到文案之前就大概了解了这个 Banner 想要传递的内容和想要表达的产品态度。在 Banner 设计中，一定要注意层级的区分。在以字体为主时，第 1 层级字体与第 2 层级字体对比要拉开，并且以两个层级去显示，方便用户记忆。同时，强烈的对比也可以让主题更突出。如图 4-27 所示，主标题选用衬线体，最弱层级的文本选用无衬线体，在字体复杂程度与大小上最大限度地拉开差距。

图 4-27

讲到主题明确，就需要再强调一下素材图片与文案的左右排列问题了。前面讲过，版式中的"左图右文"与"右图左文"其实是设计的规律。当 Banner 以实物素材为主时，可以尝试将素材放到左边，将文案放到右边。当 Banner 以文案为主、素材为辅时则相反。而如果是纯文案型 Banner，就可以尝试让文本居中，使文案更突出。

● **巧用装饰元素，避免画面单调**

确定主题之后，单纯通过字体设计与素材很难撑起界面，并且容易让人感到太过单调，这时候需要为其添加一些装饰元素。装饰元素有很多种，图形、纹理甚至渐变都可以用作装饰元素，并且不同的装饰元素适用于营造不同的画面风格。

（1）渐变色的运用

在没有光的情况下，一切都是黑暗的。自然界因为有光的存在，所以是没有绝对的纯色存在的，人能看到的事物都存在渐变色。这一原理在 Banner 设计中应用得比较多。当然，并不是说所有的元素都需要渐变。在做 Banner 设计时，背景很少会使用纯色，而基本都会根据场景需要加入些许渐变色，让画面看起来更自然。同时，Banner 中所有渐变的颜色都要有一个固定的光源方向，让整个画面看起来整体性强且有规律。图 4-28 所示的 Banner 就使用了渐变色。

图 4-28

（2）图案、纹理与图形的运用

图案与纹理最常用的情况就是叠加在背景或字体上，以起到丰富细节的作用。图案是有规律的图形组合。例如，一个圆点我们可称之为"图形"，而无数个小圆点有规律地排列在一起，我们就应该称其为"图案"。图案与纹理的相同之处很多，都是面的形式，常用在背景与字体上，唯一不同的就是纹理是可以有质感体现的，如金属质感的纹理、麻布质感的纹理等。纹理不一定是由图形有规律地组合而成的。例如，斑驳的铁门质感就没有规律，形成的效果也较有随机性。图形就比较好理解了，单个的圆形、方形、三角形或任何不规则的形状都可以被称为"图形"。图 4-29 所示为图案、纹理和图形的示例。

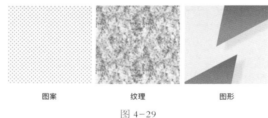

图案　　　　　　　　纹理　　　　　　　　图形

图 4-29

给背景加入图案元素可以让 Banner 看起来更丰富、完整。背景中的图案可以托起界面中的文案与素材，从视觉上让各个元素关联起来并且避免背景单调，可以给背景增加视觉上的厚度。当然，图案一般不会让用户明显感知到，达到视觉上隐约可见的效果即可，风格氛围特别重且需要图案烘托强调界面风格的 Banner 除外。如图 4-30 所示，背景中的图案让界面更完整，有厚度，前面的球形图案让界面更丰富，贴合"破冰"主题。

图 4-30

图形是 Banner 设计中必不可少的元素。图形可以平衡画面中的构图，也可以平衡画面中的色彩，又可以当作装饰元素使用。在 Banner 中，图形存在的形式是多种多样的，如光束、光斑和水花等，而所有元素在界面中都是可以用点、线、面概括的。简而言之，所有装饰元素的运用都可以视作平面构成中的点或线或面来运用。点缀图形的运用既能让画面颜色变得丰富，也能让界面版式更平衡，如图 4-31 所示。

图 4-31

当然，装饰元素的用法也需要按照不同的界面格调来选择。一般来说，装饰元素数量越多，形式越多样，给人感觉越活泼热闹。当界面风格高冷到极点的时候，往往画面没有装饰元素，而是用大面积的留白突出产品的精致，如图 4-32 所示。

图 4-32

图 4-33 所示的活动促销类 Banner，则需要通过气球、彩带等图形的点缀与装饰让画面气氛更热闹。

图 4-33

（3）常见装饰元素的分布形式

装饰元素的分布一般分为以下 4 种形式。

散点分布法

散点分布法是指将主体元素放在界面的中心位置，辅助元素围绕主体元素以点的形式呈旋涡状分布的设计方法，如图4-34所示。其优势在于丰富界面视觉层次的同时又不会喧宾夺主。

流星雨分布法

流星雨分布法是指将主体元素放在界面的中心位置，点缀元素呈45°角并以线的形式分布的设计方法，如图4-35所示。这种设计方法可以增加界面的活力，点缀图形可以较为简洁，只需要注意控制好点缀图形的大小及明度的对比即可。

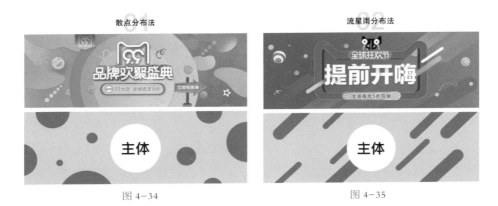

图4-34　　　　　　　　　　　　　　　图4-35

点状环绕分布法

点状环绕分布法与散点分布法的区别在于，散点分布法中的点缀元素围绕在主体元素周围，而点状环绕分布法中的装饰元素贴合画面的边缘部分，给主体元素的周围留出空白区域，如图4-36所示。点状环绕分布法可以更加突出主题，并且界面稳定性较强。

放射发散分布法

放射发散分布法是指点缀元素围绕主体元素并呈发散的形式分布的设计方法。其画面中间元素较多，且往外逐渐分散，如图4-37所示。这种分布法在视觉上冲击力较强，适用于促销气氛的营造。同时，在设计时需要特别注意的就是元素的透视关系，越往外扩散，元素的面积越大。

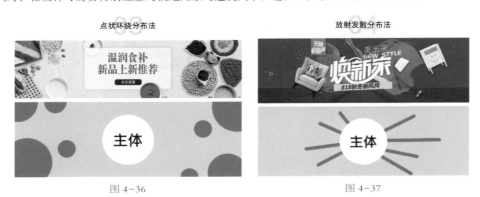

图4-36　　　　　　　　　　　　　　　图4-37

（4）使用装饰元素的注意事项

装饰元素的价值在于烘托界面气氛，避免界面单调。在使用装饰元素时，要注意弱化视觉重量与视觉层级，并衬托主体元素与文案。弱化视觉重量与视觉层级的方式有很多，如减轻装饰元素之间的对比、缩小面积等。如图 4-38 所示，即使是需要热闹气氛的促销类 Banner，装饰元素过多也会显得界面层级不明确，并且视觉上让人感到凌乱（左图）；装饰元素合适，且大小合理，可以对界面起到很好的装饰作用（右图）。

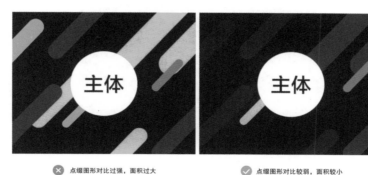

❌ 点缀图形对比过强，面积过大　　　✅ 点缀图形对比较弱，面积较小

图 4-38

虽说装饰元素要尽量减少对比，但又不能少了对比。通俗地讲，就是让这些装饰元素从视觉上看是统一的，但又不完全一样。例如，在装饰元素的颜色保持统一的前提下，其明度可以有些许变化；在装饰元素的形状保持统一的前提下，其大小可以有些许变化。如图 4-39 所示，左图中由于装饰元素缺少变化，因此显得界面有些呆板；右图中的装饰元素在大小和色彩明度上的有些许变化，让界面看起来更舒服。

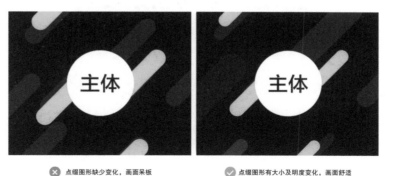

❌ 点缀图形缺少变化，画面呆板　　　✅ 点缀图形有大小及明度变化，画面舒适

图 4-39

（5）装饰元素的设计方法

装饰元素的设计也是有规律可依的，不是凭空捏造的。这里笔者给大家总结了一些装饰元素的设计方法，主要包含以下 3 种。

渐变图形的运用

渐变图形一般用于促销活动类 Banner，可以快速营造版面效果。大部分的同类色元素制造视觉上的丰富感和小部分的互补色或对比色点缀画面，可以让界面更具冲击力，如图 4-40 所示。

图 4-40

元素提取法

元素提取法多用于有实物素材的 Banner，通过提取实物素材中的某个小元素来点缀画面，或者实物素材较多时，直接使用实物素材当作点缀，这样既丰富了界面视觉效果，又强调了界面主题。图 4-41 所示的化妆品促销 Banner，直接把套装元素打散，有规律地放置在各个位置，同时提取标题中的"绿茶"二字，通过绿茶元素再次呼应主题。

图 4-41

发散联想法

发散联想法适用于没有实物元素或实物元素较少的情况。在使用过程中，可以根据版面要表达的主题去联想。例如，针对促销雨伞产品的界面，就可以将"雨滴"作为装饰元素。同时，也可以根据版面所要营造的风格去发散联想。例如，版面需要营造古朴的中国风，就可以将泼墨元素作为装饰元素。在运用过程中，只要使装饰元素契合画面的主题风格，可以与整体版面融合在一起。图 4-42 所示为耳机促销 Banner 效果。通过耳机我们可以联想到音符元素，将音符作为装饰元素既避免了单调感，又渲染了界面的气氛。

图 4-42

4.5 启动页的设计

　　启动应用程序后，进入主功能界面前会有一张图片或一段动画，显示数秒钟后消失，而这张图片或这段动画所在的界面称为"启动页"。启动画面在每次打开应用时都会出现，并且停留的时间很短，因此也有人把启动页叫作闪屏页。其实，以前 PC 端的软件中就有启动页的存在。例如，当我们打开 PhotoshopCC 时，就会出现启动页，如图 4-43 所示。

图 4-43

　　从用户体验的角度考虑，产品应当尽可能快地让用户进入程序并进行功能操作。如此看来，启动页的存在就是多余的。但是，应用程序本质上是由多种代码命令和数据组合而成的。启动应用程序的过程实质上是运行代码和数据读取的过程，而这个过程是需要一定时间的。与其给用户看代码运行的过程，不如给用户展示一张好看的图片或一段有意思的动画。从这个出发点来讲，这是优化了用户体验的。苹果官方从 iOS 5 系统开始就制定了启动页的设计规范。苹果认为启动页的本意并不是为了展示 App 界面的设计艺术，而是为了解决用户因等待时间过长而容易产生厌烦情绪的问题，保证用户使用流畅。在 PC 时代，并不是所有软件都有启动页，往往是大型软件或大型网游才有启动页，给用户以暗示和反馈：你的启动操作是有效的，软件在启动过程中，这需要一段时间。

　　用户启动应用程序的场景，一定是需要用到产品的某项功能的。也就是说，用户启动应用程序的目的是希望立即体验程序并完成某项任务，而非欣赏启动页。因此，启动页应当更有意义，要能为优化用户体验做出贡献，要能充当产品和用户之间产生互动的桥梁。

4.5.1 启动页的设计形式

启动页的设计一般会有以下 4 种形式。

● 快速启动型启动页

快速启动型启动页采用 iOS 设计规范，尽量让用户不去感知界面的存在，并且无缝衔接到应用当中。针对此通常有两种方法：第 1 种方法是把 App 首页背景图作为启动页，第 2 种方法是把首页加载状态图作为启动页。不过，由于这种设计具有局限性，因此国内的 App 界面使用这种方法的非常少。如果有 App 想采用此类启动页，有两点需要评估。第 1 点是评估 App 自身的体量，保证启动的流畅性和快捷性。体量较大的 App 不适合使用此种方法，因为较大体量的软件启动也较慢，就会让用户有种"网络不佳"的体验，把 App 运行的时间误以为是网络延迟。第 2 点是评估首页板块的固定性，一般这时候不允许首页板块有太大的变动，不然启动页过渡到首页后会在视觉上有较大的反差，体验也会较差。启动页的选取也要配合首页的加载机制，选取合适的加载状态截图，以保证与启动页与首页的自然衔接。如图 4-44 所示，iOS 系统内置的浏览器 Safari 体量较小，因此首页板块也相对较为固定，左图启动页使用了首页加载中的状态，右图为 App 首页。

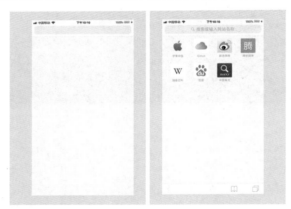

图 4-44

● 品牌传递型启动页

品牌传递型启动页是较为常见的一种 App 启动页形式，通常包括产品启动图标、产品名称及口号三要素，部分还会展示应用的开发者、版本号等。品牌传递性启动页能够较好地传达出应用的格调、内涵和功能使用场景等，加强用户对产品品牌的直观印象，拉近与用户之间的距离，是一种比较安全的启动页设计形式。这种启动页最常见的表现形式是将启动图标、产品名称和口号统一放置在界面的最下方，然后将上方留白。这种处理方式的好处是拓展性较强。如果需要在启动页植入广告，品牌信息不变，只需在品牌信息上方植入广告，就可以做到启动页与广告页无缝衔接。如图 4-45 所示，"淘票票"的启动页与广告页就采用了这种方式。

图 4-45

当然，还有一些产品为了从启动页就营造出独特的产品氛围，也会根据产品的格调单独设计一张启动页，与广告页分开展示。这种形式的好处就在于可以强调品牌性格，比较具有设计感。如图 4-46 所示，"百度地图"（左图）与"饿了么"（右图）就为品牌单独设计了启动页。

图 4-46

● 节日氛围型启动页

很多 App 为了引起用户的情感共鸣，一般会在节日或特殊纪念日使用与其信息相关的启动页。这种启动页多以插画的形式出现，并且时效性较强。除了需要渲染节日氛围，还要将产品的格调融入启动页中。

节日启动页比较吸引用户的注意力，所以设计的时候要非常重视这一点。在具体设计的时候，设计师可以先进行思维或是逆向思维的发散。例如，春节将近，我们联想到的有活泼、可爱和夸张等情绪，避免呆板。如图 4-47 所示，同样都是春节主题的启动页，左图作为租房类产品，主题就选择了"有人等你回家"，结合卡通小熊舞狮子与拜年的形象，既让画面充满了年味，又加深了用户对产品的印象；右图"搜狗输入法"以"年夜饭"为主题，将一家人其乐融融的场景与背景中搜狗输入法 Logo 窗花巧妙地融合在一起。

图 4-47

● 广告推广型启动页

顾名思义，广告推广型启动页本身就是为了实现流量变现并获得盈利。不过，广告推广型启动页通常自带"被嫌弃"属性，很多用户看到这类启动页时心理上都是比较排斥的。因此，在进行此类界面设计时，如果能给界面加上"倒计时"效果和"跳过"功能可能会好一些。同时，在设置"跳过"功能时，"跳过"的位置也要方便用户点击。这种类型的启动页严格来讲其实已经不算启动了，因为它并不是为了填补软件启动过程所需的那几秒，而是启动页过后又插入了一个运营推广界面。所以，很多 App 启动页的品牌信息会放置在界面最底部，给广告页留出位置，可以让用户以为启动页与广告页是一个界面。不然，从启动页切换到广告页就会很明显，如此更容易让用户失去耐心。此外，这类启动页最好只在每天第一次打开 App 时出现，避免多次出现，否则会让用户产生厌烦心理。不管出于何种目的，商业利益和用户体验之间都需要保持平衡。图 4-48 所示分别为"知乎"和"网易云音乐"的广告推广型启动页。

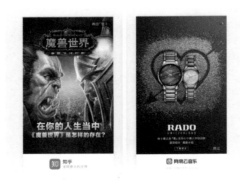

图 4-48

4.5.2 启动页的设计技巧及注意事项

启动页的设计技巧及注意事项包括以下两个方面。

- **避免过度设计**

启动页是一个高频次出现的界面，带给用户对产品的第一印象，因此在设计这类界面时，简洁耐看是设计师首要考虑的问题。针对一些较为小众的或目标用户较为清晰的产品，在启动页就可以赋予产品的性格。而针对用户群体较为模糊的产品，启动页就要设计得相对保守一些，传递出品牌意识即可。除特殊节日或活动之外，目前的一些主流产品很少将启动页设计得很花哨。如图4-49所示，左图中"唱吧"通过启动页来传达产品的品牌概念，融入了季节的情感化设计，然而视觉上仍然是干净整洁的，即使高频率打开与关闭产品，也不会引起用户的不适；右图中"最右"的启动页以插图的形式展现其产品口号及卡通形象，插图风格的选择也较为清爽简洁，在有效传达产品性格的同时，又舍去了多余的元素。

图 4-49

- **避免高频率改动**

启动页作为一个产品开启时的等待界面，要尽量做到让用户感知不到它的存在。启动页频繁更改会引起用户的注意，等待的时间也就显得很长。如图4-50所示，"微信"的启动页（左图）与"QQ"的启动页（右图）几年都不会更换一次。当用户习惯之后，甚至会感知不到启动页的存在，因此产品开启过程中的几秒钟时间，也就不会引起用户的不适了。

图 4-50

4.6 界面设计中的层次感表现

在做设计的时候，可能有很多人会遇到以下情况。产品经理或需求方看完设计稿后，若有所思地说："我总感觉少了点什么……你再改改"，或者给出"太平了""有点单调" 等诸如此类的评价。其实这都是因为作品缺乏层次感。层次感是在满足视觉合理性的基础上，把要强调或者要突出的主体与画面中的其他元素进行区分。通过对版面中的元素大小、远近和前后等多重关系进行梳理，并运用色彩加以区分，可以使元素和主体在画面中具有一定的主次关系，让人在观看时产生一定的视觉层次和心理变化。对设计师而言，可以通过技术手段对主体自身的层次感进行调整，使画面在传递的过程中具有更好的视觉效果和层次变化。

层次感通过层次的划分、前后关系的对比和色彩明暗的调整进行表现，让观者在阅读时感到版面有明显的变化和"喘息"的时间。如图 4-51 所示，左图视觉上给人感觉较为沉闷，缺少层次感；右图通过增加对比、光影等手法给画面增加了层次感，让视觉效果更透气，主题也更清晰。

图 4-51

从用户体验设计层面来说，众所周知，相较于平淡无奇且毫无重点的界面设计，具有良好视觉层次结构的界面设计更受用户青睐。这是为什么呢？答案其实很简单。极富视觉层次感的界面设计不仅极具设计美感，能取悦用户，还可以建立起清晰直观的视觉层级，方便用户简单快速地识别和读取需要的界面内容，从而提升用户体验，降低跳出率。但是，究竟如何才能结合产品特色和用户的真实需求，将界面视觉内容层级化， 从而提供给用户更加优质的体验呢？

下面，笔者将从 5 个不同的维度分析如何在用户界面设计过程中营造层次感。

4.6.1 文字的层级区分

在界面设计中，文字部分的层级区分是决定一个界面是否有层次感的重要因素。一般情况下，文字可以进行调整的属性除字体，还有字号、字重（粗细）、倾斜度、色相和明度等，如图4-52所示。其中，字号大小是拉开文字层级的首要因素。如果通过字号大小的调整不足以清晰地区分层级，那么可以再考虑字体是否加粗。如果当前界面中文字层级过多，通过字号大小及加粗处理都无法很好地处理文字信息层级，那么可以再考虑色彩明度的调整，但过多的明度变化会让界面显得不够干净。除了一些特殊的需要通过字体的倾斜增加趣味感的标准体以外，倾斜字体在移动端的界面设计中是很少会被用到的。

图4-52

● 首级文字拉开对比

无论是做海报还是包装设计，都要有主题文字来吸引读者的视线，用户界面设计也是如此。通过首级文字拉开对比，可以让用户快速注意到这个界面中所要传递的重点信息是什么。如图4-53所示，"拉勾"App（左图）职位列表中第1层级的文字从大小、字重与明度上拉开了对比，而第2层级和第3层级的文字对比就比较弱。这样的处理方式可以让标题更突出，用户有视觉焦点，从而视觉上更具层次感。"饿了么"App（右图）采用的是同样的处理方式。

图4-53

iOS 11系统在字体的处理上同样如此。其将字体的对比尽可能拉大。例如，之前的iOS 11系统界面中最小的字号是11pt，最大的字号是20pt，字号区间也就是11~20pt。而目前iOS 11系统界面中字体的最大字号提升到32pt，甚至是34pt。如此一来，一个界面内的字号区间也就是11~34pt。很明显，这种强烈而又低频率的对比就更具层次感了。如图4-54所示，"虾米音乐"改版后的大字重标题让界面对比更强烈，也更具视觉引导性。

图4-54

同时，这种处理方式的另一个好处是扩大了字号的可选择范围。从前界面导航文字较小时，板块标题及列表标题也都相对较小。假如，当导航文字的大小为18pt，如果界面内的板块标题为20pt，视觉上会感觉压不住而显得比较突兀。如果界面导航文字为34pt，板块标题设定为20pt就显得很正常了，甚至可以尝试设定为24pt，那么第3层级和第4层级的文字就可以通过大小及字重来区分层级，而不用大面积地调整明度，如此界面看起来会更干净一些，如图4-55所示。

图4-55

● 上重下轻，左重右轻

由于人的浏览习惯是由上及下、由左及右的，因此界面的信息浏览起点是在左上方。而左对齐又是用户界面设计中最常用的对齐方式。在排版设计中，左上方一般放置信息流的主标题，如此就造就了上重下轻、左重右轻的布局方式。这时的信息一般是由左边往右边去排列。如果一行只出现一个字段信息，一般也是以左对齐的方式出现。界面设计要迎合用户这种习惯。界面右重左轻和左重右轻的对比如图4-56所示。

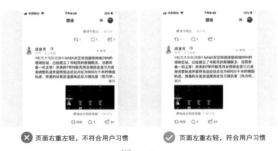

图4-56

● 文字的层次统一、对比与调和

前面已经讲过关于对比与调和的知识，而字体的层次也是要遵循对比与调和的构成原理的。"大方向上统一，局部对比与调和"是在做界面设计时始终要遵循的原则。界面中只要有文字出现的地方就会有对比，那么什么是大方向上的统一呢？通俗地说，就是界面中相同属性的板块要保持统一。例如，只要出现类似的Feed流列表就需要套用产品内通用的规范组件。而调和是指如果在一个列表信息当中有多种不同的信息字段，并不一定每一个字段都要进行样式上的区分。这时候，一些不必要做区分的字段可以保持统一，从而起到调和的作用。如图 4-57所示，"悟空问答" App 一个列表段落有 5 个不同的字段信息，包括标题、用户名、简介、点赞和评论，那么毫无疑问，其标题是第 1 层级，简介是第 2 层级，而用户名、点赞与评论则使用了同一个字体样式进行调和，避免多余的对比造成界面信息层级混乱。

图 4-57

4.6.2 元素的复杂程度

在做界面设计时，界面中每一个元素的复杂程度是与该元素的重要程度挂钩的。举一个例子，App 首页都会做得相对复杂一些，层次较多，有 Banner 推广、猜你喜欢等板块。而一些二级页则设计得比较清爽直观，大多是统一的 Feed 流列表。如果在二级页中加入一些多样的运营入口或其他较复杂的板块，就会使界面显得没有层次，较为混乱。如图 4-58 所示，"虾米音乐"首页板块丰富，板块内的元素设计得比较细致，而跳入二级页时会发现其较为简洁清爽，具有层次感。

图 4-58

如何通过元素使用的复杂程度来体现界面的层次感呢？这里主要需注意以下两点。

● 图标的效果控制

在界面设计中，如果在非重要层级使用了较为复杂的图标，而重要层级中的图标反而较为简单，界面的层次感就会出问题。把握好图标的复杂程度，可以让用户直观地感受到主要功能交互与非主要功能交互，从而使界面更具层次感。如图 4-59 所示，"汽车之家" App 首页出现的图标作为重要的功能入口层级较高，所以使用了色彩区分与粗线条；而个人中心页的功能入口层级较低，如果再将每个图标用色彩区分，就会显得过于复杂。这里通过对图标复杂程度的控制，很好地体现出了界面的层次感。

图 4-59

讲到这里，可能有人会有疑问："为什么类似'美团'这种产品的个人中心页功能入口处的图标同样使用了色彩区分呢？不是应该遵循'汽车之家'那种灰色线性处理方式吗？"虽然"美团"的个人中心页的功能入口图标与首页的图标都进行了色彩区分，但是我们仔细看依旧可以看出其复杂程度上的区别。如图 4-60 所示，"美团"首页的第 1 层级使用了有底色承载的面性图标，视觉层级也是最高的，而次级的快捷入口图标则使用了纯形状的面性图标，视觉层级较低，但是轮廓较为具象，细节较多。再看个人中心页的图标，该界面中的图标虽仍有色彩区分，但是相比首页的图标来说在复杂程度上还是有明显区别的。个人中心页第 1 层级的图标通过不同的色彩来呈现，相比首页的纯面性图标明显更简单一些。例如，其"收藏"功能仅使用了一个五角星的形状。而第 2 层级的图标则不使用色彩区分。看似差不多的图标，其实也是通过复杂程度来区分层次的。"美团"之所以给个人中心页的图标赋予了色彩，是因为产品本身属性较为热闹。这样的产品如果按照"汽车之家"的灰色线性效果那样去处理，可能会与产品的格调不协调。

图 4-60

● **插图的合理利用**

在设计界面时，搭配插图是一种很好的可以提升产品情感与品质感的设计方式，但是插图并不适用于任何场景。与图标类似，如果将插图用在了不该出现的地方，就会适得其反。例如，我们常见的使用插图的界面是缺省页与兜底页（空状态、断网状态及弱网状态等）。在前面有关空状态的知识点中笔者已讲过，并不是每一个空状态都需要精心设计。如果是常用的几个界面为空，可以使用插画传递情感。然而，如果是层级很多的界面为空或较长的详情页某一板块为空，就不适合使用插画了，否则会显得层次混乱。如图 4-61 所示，在"项目工场"App 的版本更新中，层级较高的弹窗采用了插画的形式来增加仪式感；而在项目列表右滑"选择不感兴趣的理由，减少推送"弹窗中则没有使用插画，而只是用简单的文案表示，如此可以让产品内的弹窗更有层次，用户体验也可以得到提升。此外，这个功能在界面中本就"埋"得比较深，功能性较强，如果再使用插画就显得层级过多了。

图 4-61

4.6.3 间距的合理性

在前面有关亲密性原则的知识点中，笔者已经针对"间距"这一知识点略提一二，主要表现为用户会认为相邻的元素相关，所以相关的元素靠得近一些，而不相关的元素需要用大间距隔开，这是基本要注意到的亲密性问题。然而了解这些还远远不够，界面的层次感与间距有着千丝万缕的联系。

如图 4-62 所示，在两张图片除了板块的间距不同，而字体大小、配色等元素都相同的情况下，左图很明显没有层次感，阅读起来不流畅。而右图看起来就比较有层次感，用户浏览时也会比较有节奏感。之所以会出现这样的情况，是因为左边界面中板块之间的间距太小，用户在浏览时不知道在哪里可以停顿一下，而右边界面在设计时因考虑到了亲密性原则，相同板块内间距较小，不同板块之间间距较大。虽然仅是几个像素的差距，却体现出了层次感。

❌ 间距无秩序，缺少层次感　　✅ 间距有秩序，层次感强

图 4-62

● **分界线与留白该如何取舍**

在进行界面设计时，基本功不是特别扎实的设计师会纠结：到底什么时候用分界线，什么时候不用；什么时候用粗的分界线，什么时候用细的分界线。前面讲到的无框风格设计与卡片式布局设计与此处要讲的层次感有类似之处。早期的界面设计对于分界线的依赖非常强，通过间距分割可能会占用更多的界面空间，然而过多的分界线就导致界面分割过多、视觉层级太多，随之层次感就会很弱。

一个 App 如果想营造比较好的层次感，基础且正确的做法应该是根据信息的重要性进行区分。重要程度最弱的区域采用留白，其次是分界线。如果一个界面板块过多，板块之间的分割就可以使用粗分界线来处理。图 4-63 所示为分界线与留白的正误使用对比。左图不同板块之间使用了留白来区分，而同一列表内的发布者与内容之间使用了分界线，导致视觉上层级混乱。同时，在用户浏览的过程中，一个完整的信息卡片会被无意义的分界线割裂，并且不同板块之间没有明显的区分。右图就比较符合常规分界线与留白的使用方式。发动态与发布视频属于功能型按钮，而下方则是内容 Feed 流，通过板块区分，可以最大限度地防止用户出现误操作；下方的信息卡片之间则使用留白区分，两个信息卡片之间使用分界线。这种处理方式可以让界面更具有层次感，也让版面布局更符合用户的浏览习惯。

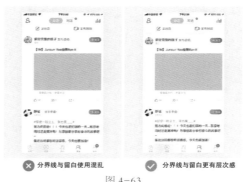

❌ 分界线与留白使用混乱　　✅ 分界线与留白更有层次感

图 4-63

上面说的是最基本的情况，那么当 Feed 流的信息卡片内部出现差异较大的内容时，应该采用什么分割方式呢？

在用户进行歌曲分享时，信息卡片内的上半部分是分享的介绍性文字，而下半部分是分享的歌曲内容，两者在信息属性上就需要区分。这个时候如果不做区分，不同属性的内容会融在一起。如图 4-64 所示，左图中歌曲与文字图片融合在一起，使得主题被忽略；右图中通过灰色块对歌曲板块加以区分，可以让板块信息更具层次感，又不至于显得分割过重。

❌ 信息卡片的内容属性区分不明显　　✅ 信息卡片的内容有层次感

图 4-64

● 间距大小体现界面层次感

虽然前面我们讲到，如今的设计趋势更倾向于利用较多留白让界面板块更清晰和透气，但这并不代表一个产品内所有的界面都需要这种大面积的留白。一般来说，一级界面（也就是产品的几个主界面）会通过较大面积的留白、清晰的布局让界面看起来更轻松且具有呼吸感。而一些二级甚至三级辅助功能界面如果再使用这种较大面积的留白就会显得过于追求形式。由于一级界面内容较为复杂，用户需要获取的信息较多，大面积的留白是有必要的。而对于一些一级、二级或三级纯列表界面来说，用户获取信息的方式就比较明了了，往往只会关注列表内的几个关键词。而这个时候，一屏所能承载的信息量就显得较为重要了。当然，这只是与一级界面对比来说，并不代表这种界面的内容就可以表现得很拥挤。

如图 4-65 所示，"唱吧"的主界面中板块间的间距较大，每一个卡片承载一个作品，在这么多信息需要获取的情况下也可以很清晰，而播放历史页的 Feed 流间距就比较小，一屏可以显示的播放历史有多个，因为来翻阅历史记录的用户目的性强，可能只是在找寻一首歌的名字，这样可以极大地提升阅读效率。当然，这种处理方式除了具备以上优势，还有一个比较重要的优势，即在用户即使不了解这款产品的情况下，也可以很清晰地看出左图的界面比右图的界面层级要高。通过间距的大小，也可以很好地体现出界面的层次感。

图 4-65

4.6.4 学会信息归类

在界面设计中，信息归类需要注意以下两个问题。

● 相同表意的信息归到一起

在浏览界面时，用户往往喜欢在某个板块中看到所有相关的东西，而不相关的东西要有明确的提示，否则视觉上没有层次感，很容易影响用户获取信息的效率。图 4-66 所示为相同属性的板块是否进行归类处理的对比。很多产品的首页会有 Banner 推广位置及活动通知入口，当这两个板块同时存在时，它们同属运营属性板块；3 个图标入口与下方的列表都可以查看项目，并且表达的意义相同。左图把活动通知入口放了 3 个图标之下，就容易把界面在内容上割裂，用户的视觉从运营板块跳到项目板块，然后又跳回运营板块，层次感就有些问题了。这时候，正确的做法是像右图那样把 Banner 推广位置与活动通知入口放在一起，3 个图标与下方列表相邻，这样用户第一眼就可以看到两个运营入口，接下来就可以把目光放在项目浏览上面，视觉上更流畅，层次感也较好。

图 4-66

上面所讲的将相同表意的信息归到一起只是针对大板块的。当界面中的一个大板块内有很多小的功能入口时，就需要进行入口的信息归类了。

如图4-67所示，由于"微信"的"发现"界面功能入口较多，因此给出了不同功能上的归类。例如，最常用的"朋友圈"功能属于社区交流类功能，"扫一扫"功能与"摇一摇"功能属于常用的生活工具类功能，"看一看"功能与"搜一搜"功能属于综合资讯类功能，"附近的人"功能与"漂流瓶"功能属于无聊时的随缘交友类功能……将同属性的功能归到一起，可以让用户在使用常用功能时减少误操作，并且针对第一次打开此界面的用户，也可以使其更高效地找到对应的功能；右图也是一样，"微信"的"钱包"功能与"设置"功能相对来说都是较为独立且常用的功能，与其他功能分离开也是信息归类的一种体现。

图4-67

● "查看更多"的奥秘

浏览界面时，"查看更多"经常出现在综合性较强的界面中，代表着"跳入二级页"。"查看更多"最基本的做法是跟随在当前板块的标题后面。当然，很多刚入门的设计师对于这种做法不甚理解，可能会问："为什么不可以放置在界面最底部呢？"其实这也涉及信息归类的问题。

"查看更多"跟随在标题后，可以让用户非常清晰地了解到这个命令指的是与标题内容相关的更多内容。而如果放置在界面下方，就更像一个功能按钮，让用户点击后可以去完成某一个有意义的操作行为。如图4-68所示，左图"签到领红包"部分的"查看更多"放置在界面底部，"签到领红包"活动的"测一测"参加按钮放置在了当前板块标题的右侧，从视觉上就会出现信息关联性不准确的问题：标题一栏都应该与标题相关。正如上面所讲，"查看更多"如果放置在界面最下方，就会让用户产生疑惑：到底是可以查看当前这个活动板块的更多内容，还是更多相关的活动呢？而板块最下方的单独按钮应该是对板块内活动的一个操作行为。正如右图这种做法，可以让用户在浏览时对板块内的每一块信息都有一个准确的心理预期。

图4-68

4.6.5 色彩的合理把控

色彩的运用在界面设计中是非常需要克制的，每一种色彩的使用都要有其缘由和目的。例如，在一些类似"唱吧"App这种较为年轻化、娱乐化的产品中，色彩可以营造产品气氛，但是也仅局限于运用在按钮、图标和导航条的制作中。一些从做平面设计转行做界面设计的设计师习惯给界面添加丰富的色彩，使其从视觉上看更具设计感，却忽略了一个根本性的问题：App是工具，而平面广告只是一种传播信息的媒介。App内只要是带有刻意的元素设计地方，都可能让用户以为那是某种可点击的按钮，或者说可以左右滑动的卡片，当用户发现其并不像自己所想的那样时，体验感也就大打折扣了。

在界面设计中，对于色彩的把控需要注意以下3个问题。

● **相比于黑白灰，有彩色层级更高**

相比于黑白灰来说，任何一种有彩色都比黑白灰的层级要高，所以很多设计师在做App界面设计时都喜欢给导航条加入主色色相，使其可以在强调产品性格的同时，从视觉层级上压住整个界面，避免界面缺少重量感，并且无论界面中有多少其他颜色，由于导航条所占面积较大，都可以避免界面颜色看起来太"碎"。这也是层次感的一种简单体现方式。如图4-69所示，"唱吧"的界面颜色比较多，饱和度也偏高，如果像左图一样使用白色导航条，从视觉上会感觉整个界面颜色有些琐碎和杂乱；右图使用主题红色的导航条，从视觉上可以让界面主次更清晰。如今市面上的App中还是白色导航条居多，这是因为如果产品内颜色不是特别多，饱和度也不是太高，白色导航条反而更显干净。

图 4-69

由于有彩色的元素在视觉上层级过高，因此一些不重要的元素一定不要无章法地去赋予彩色色相。例如，一些设计新手总喜欢给头像添加有彩色的描边，给底部标签栏的图标都添加上不同的色彩。描边的意义在于将其与周围的元素区分开。例如，背景为白色时，如果头像的背景也为白色就容易与背景分不清。这时候如果用浅灰色描边就可以解决这个问题，并不需要去赋予有彩色。底部标签栏的图标也是同理，如果给每个标签栏的图标都赋予不同的色相，那么当前的选中状态就比较容易受到色彩的干扰。

● 有彩色元素一般都可点击

在 PC 时代，网页中的链接一般都是通过彩色加下划线表示，这种设计习惯在 App 设计中也是通用的，不过只保留了彩色，去除了下划线。在做界面设计时，彩色的文字在用户的心理预期中一般是可以点击的，有些层级较低的按钮一般会用有彩色的文字来表示。如图 4-70 所示，微信公众号详情页中的"进入公众号"按钮与"取消关注"按钮就加入了绿色，即使不看文字内容，用户也能了解这两处文字可以点击；右图的公众号名称也是同理，通过加入有彩色与周围的无彩色文字区分开来，让用户知道其可以点击，但是又不会像按钮那样有重量感，这种处理方式也可以让界面更有层次感。

图 4-70

当然，这里所说有彩色的元素一般都是可点击的，并不代表所有可以点击的文字都必须是有彩色的。例如，在 Feed 流中每个列表的标题都是可以点击的。这时，如果我们将每个标题都赋予有彩色就显得有些夸张了。如果论层级的话，块形按钮层级最高，其次是幽灵按钮（指具备基本的按钮形状的透明按钮，有细实线的边框），接下来是有彩色的文字按钮。而信息列表本身就给用户以可点击的心理预期，所以就不需要再刻意加入按钮元素了。图 4-71 所示为信息列表标题是否加入有彩色的对比。左图中给界面的列表标题加入了有彩色，导致一屏内的色彩过多，缺少安定感，让用户看着不舒服。

图 4-71

● 黑色不适用于篇幅较长的文本

很多时候，我们在做界面设计时会将文字的颜色分为 4 个层级，并且由黑到灰地用于不同的场景。但无论如何，设计师很少会单独给篇幅文本定义一种颜色，而是采用一级文本的颜色。过深的黑色（这里的黑色不是指纯黑色）对于长篇幅的文本来说并不是很好的选择，这时候适当地将文字颜色调灰，可以让阅读更轻松。如图 4-72 所示，"知乎" App 界面（左图）中的问题与回答板块使用了两种字体颜色，由于"回答"是篇幅较长的文本，因此不需要过重的颜色来吸引用户的眼球，只需较易识别且让用户阅读起来不感觉疲惫就可以了；"UC 头条"的新闻详情页（右图）中标题与正文使用了同一种字体颜色，但是都比首页的标题字颜色浅了一些。

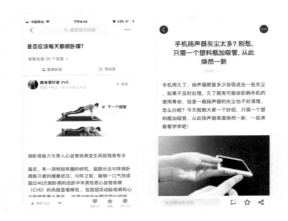

图 4-72

4.7 界面设计中的选图规律

设计师在设计用户界面时，基本上都避免不了使用图片。在产品上线后图片一般不太好控制，因此在做设计图的过程中，图片的选择是需要非常谨慎的。把设计图最好的一面展示出来是用户体验设计师的基本职业要求。当然，除了图片类型的选择，图片的尺寸设定也是界面设计中非常重要的一环。根据不同的产品属性和场景，需要选择不同的图片比例。

4.7.1 图片的比例选择

图片的比例分为以下4种类型。

● 1：1 长宽等比型

1：1长宽等比型图片是最常见的一种图片类型，这种图片可以让界面看起来更简洁。例如，Feed流中的头像、Logo为了避免拉伸变形基本都采用这种类型。界面中的图片需要通屏（横向铺满屏幕）时，1：1长宽等比型的图片是不适用的，因为手机屏幕的尺寸是高而窄的。如果通屏图片以长宽等比的情况出现，就意味着会占据一屏太多的空间。同时，当Feed流或产品首屏里出现这种情况，阅读效率也会降低。如图4-73所示，"饿了么"界面（左图）中的店家图片与"淘宝"界面（右图）中的商品图片均使用的是1：1长宽等比型图片。

图 4-73

● 4：3 小众型

4：3这个比例在界面设计中处于一个比较尴尬的位置。由于这种比例比较接近于长宽等比，因此在Feed流中一般很少用到，而且通屏使用的情况也不多。这种图片比例适用于一些以图片为主或者用户群体较为年轻的产品。如图4-74所示，以设计社区类产品"站酷"为例，首页作品Feed流的图片占有比较重要的比例，所以使用了4：3的比例通屏显示；右图中文章以文本标题为主，图片缩小尺寸，改为左文右图的排版形式，但图片仍然延续了4：3的比例，与首页图片比例保持统一。

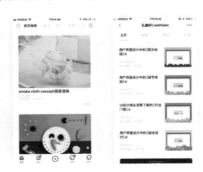

图 4-74

● 16：9 人体工程学型

人体工程学的研究表明，人的视野范围是一个长宽比例为 16：9 的长方形，因此显示器等产品的尺寸一般都是根据这个比例设计的。在用户界面设计中，16：9 这个比例也是应用比较广泛的，主要包含 Banner、视频播放窗口等，这是迎合人体工程学的。如图 4-75 所示，"腾讯视频"的 Banner 和视频播放界面，以及"知乎"的 Feed 流中的视频都采用了 16：9 的比例。

图 4-75

● X：≤ Y 瀑布流型

"X：≤ Y"的意思是在界面设计中宽度固定，高度根据图片内容自适应。其在一些以图片为主且图片内容比较复杂的产品中使用较多。例如，在"淘宝"的服装展示中，模特的姿势决定了图片的高度，且一般站着肯定要比坐着高。这时候如果给图片固定大小的话，模特坐着时周围的空白区域就会过多，而站着时图片的高度又不够了，这时候瀑布流的设计就形成了。另外，需要注意对图片比例的控制，尤其是图片高度，一般需要有一个最大值，以此来控制图片不超过屏幕的可显示区域。如图 4-76 所示，"淘宝"的 Feed 流（左图）与"马蜂窝"的 Feed 流（右图）就使用了 X：≤ Y 瀑布流型的图片显示比例，如此可以让界面信息看起来更加流畅。

图 4-76

4.7.2 选图的统一性

针对选图的统一性把控，可从以下 3 个方面入手。

● 比例统一

当确定一款产品中的图片比例后，就要尽量将图片比例都规范化，即相同属性的板块图片比例要保持统一。这样做的好处是可以让界面在视觉上更规整，并且提升品质感。如图 4-77 所示，"网易云音乐"视频通屏与非通屏的情况下统一了显示比例，看起来更规范、舒适。

图 4-77

图片比例保持统一还需要相同的图片在不同的场景下都保持比例统一，防止出现变形、压缩等情况。如图 4-78 所示，"今日头条"的 Feed 流（左图）与"UC 头条"的 Feed 流（右图）中左文右图排列的图片与并排 3 张图中的第 3 张图片大小是一致的。左文右图排列时，文本的宽度正好占据了两张图片的宽度，这样后期运营维护在上传图片时就可以不用考虑是一张的情况还是多张的情况，因为其大小都是一致的。

图 4-78

当然，这里强调图片的比例统一也只是说相同板块属性下尽可能地做到统一，而具体还是要根据实际情况灵活决定。例如，在不同的界面设计中，有的 Banner 需要做得突出一些，有的 Banner 仅作为一个小的活动入口。这时如果强行统一，就容易导致界面层次混乱。如图 4-79 所示，"唱吧" App 的唱歌界面作为主要的活动推广页，其中的 Banner 尺寸较大，而"榜单"界面中的 Banner 仅是一个强行植入的广告入口，所以尺寸较小。根据实际情况确定图片比例，可以让界面更具层次感。

图 4-79

- 视平线统一

在一些通过图片替代图标或需要展示人物头像的界面中，图片的视平线统一也是使界面整洁规范的重要因素之一。如果相同的图片视平线不同，会使用户在浏览时视觉变得不流畅。这里所谓的"视平线"指的是摄影角度与图片位置。如图4-80所示，"美团外卖"推荐美食时的摄影角度都是在斜上方（左图）；"饿了么"快捷入口处使用了图片代替图标的功能，"限量抢购"与"闪购"一级入口统一选择了斜上方角度，而二级入口统一使用了俯视角度，并且相同层级属性的入口的图片也保持了视平线的统一（右图）。

图 4-80

说到这里，有的人可能会有这样的疑问："产品内的图片不应该是运营去挑选吗？怎么能保证产品内所有的图片视平线都统一呢？"当然，这个需求在很大一部分产品中是很难实现的。然而就像前面所讲的，设计稿应该把产品最好的一面展现出来。即使这个需求很难实现，设计师也要把最终视觉稿做到完美。这里值得注意的一点是，如今很多产品也开始在配图上下功夫了。虽然像"淘宝"这种产品由于体量太大，店家不好管理，因此没有保持图片视平线的统一，但是类似"每日优鲜"这种自营式的产品都已经把商品摄影图的视平线统一了。这样用户在挑选商品时会更清晰和高效。如图4-81所示，"每日优鲜"（左图）与"网易严选"（右图）在商品视平线统一上都做了特殊处理，使得整个产品的品质感有了明显提升。

图 4-81

- 格调统一

在一些图片比例较大的产品中，配图的格调统一可以很好地反映出产品的格调。例如，在设计一款国外的 App 产品时，界面中的人物与场景都要尽量营造出当地的产品格调，因此需要尽量选取当地人物相关的图片作为头像。如果在产品内不时地出现一些中国风的配图，就会影响到整体的视觉效果。同时，图片配色也是影响格调的重要因素。如果产品的主色是较为青春的柠檬黄，而产品内的图片颜色有的偏灰，有的偏绿，还有的偏紫，就容易让界面的格调不统一。图 4-82 所示为一组较为年轻化的音乐类产品，整体配图的格调就比较统一，视觉上也会让人感觉舒适很多。

图 4-82

4.7.3 选图的清晰度

选图的清晰度控制主要需注意以下两个问题。

● 注重图片质量

注重图片质量这一点应该比较好理解。选图清晰、高质量是提升界面视觉效果最简单的方法。有些时候，或许你非常认真地设计了很多精致美观的图标或插画，但是一张模糊的图片就足以让你前面所有的努力都白费。在界面设计工作中，初学者喜欢直接通过搜索引擎去找图。例如，想找"美食"相关的图片，就直接通过搜索引擎搜索"美食"，这是比较初级的找图方法。还可以访问一些比较好的图片素材网站，如国内的花瓣网、站酷海洛和摄图网等。这里需要注意的是，花瓣网的图片资源比较多，要找到高清图也需要认真筛选才行。站酷海洛的图片偏向于付费商用，质量比较高，种类也比较全；里面除了摄影图片，还有很多设计师通过软件绘制的优质素材，同样是付费商用的。

● 将图片转换为智能对象

在将图片素材应用到界面设计中时，如果是使用 Sketch 输出的图片倒没什么关系，因为 Sketch 对图片的算法是矢量化的，无论是放大还是缩小，都不会使图片失真模糊。但是如果是使用 Photoshop 制作并输出的图片，则需要尽量将图片转换为智能对象，再去放大或缩小，如此可以尽量减少图片的像素缺失。

4.7.4 图片与主题的贴合性

选图的美观度固然重要，然而仍需结合产品的属性进行有针对性的选择，使图片与主题贴合，具体需要注意以下两个方面。

- **图片与产品要相关联**

虽然前面讲过要完美地呈现产品的视觉效果，但这并不代表我们可以为了获得好的视觉效果而随意去选图。图片与产品内容相关是一个比较基础的要求，否则就达不到设计"解决问题"的核心目的。而前面讲到的产品内的图片格调要统一，前提也是基于产品属性上的统一。如图4-83所示，在食品类相关的界面设计中，如果选取与食物无关的配图搭配文字，即使图片再有格调，也达不到用户的心理预期；而即使配图与真实商品有些许不同，但只要是与食物相关，并且保持摄影角度一致，也会有比较好的用户体验。

图 4-83

- **避免图片重复**

很多设计师在最初做界面设计时对于配图的重视度不够，认为只要将图片位置填充上即可，所以很可能会选择重复使用一张图，以节约时间。不过这样一来，界面的视觉效果会受到很大的影响。因此在设计时，还是要尽量模拟真实的线上场景进行配图。在笔者看来，找图并不是浪费时间，而是用户体验设计师应有的一种设计态度。图4-84所示为图片重复与否的效果对比。

图 4-84

4.8 界面设计的风格体现

风格是用户打开产品后对产品的第一印象，设计师应该选择适合产品的设计风格。用户在使用某款产品时，对于界面的风格是有预期的。例如，针对一些偏向小说类产品的界面设计，用户追求的产品格调应该是偏文艺、简约的；而针对一些偏向成熟化的古玩类产品，用户追求的产品格调应该是偏高端、稳重的。下面将针对如何确定产品风格和影响产品风格的元素这两个方面进行解析。

4.8.1 如何确定产品风格

确定产品风格是用户体验设计中很重要的一环。只有确定了产品风格，才能给接下来的设计行为提供一个明确的视觉指引。正如前面所讲到过的，有的产品氛围本就应该是活跃、接地气的，而有的产品就应该是儒雅且安静的。刚入门的设计师都会进入一个只想把产品格调做高的怪圈，极简风格的设计最近几年确实较为流行，但那也只应该出现在合适的产品中。如图4-85所示，"今日头条"界面设计（左图）中的文字字号通常比较大，这一点很多人会觉得比较粗糙，但由于"今日头条"的用户量太大，并且用户的年龄跨度较大，中老年用户也不在少数，再加上这种新闻资讯类产品本就以文字内容为主，因此采用这种设计形式是合适的；"ONE"界面设计（右图）中的文字又细又小，但看起来格调比较高，且具有一定的文艺气息，这一点和产品属性本身也很契合。

图 4-85

在产品的界面设计中，设计师千万不要单纯凭个人喜好去定义产品的风格，而是要多方面进行考虑才行，主要表现在以下两个方面。

● 基于用户群体

在定义产品风格之前，了解产品的目标用户是打造产品风格的重要一环。不同年龄层、不同时代、不同受教育环境和层次的用户，对于产品的需求是不一样的。这时，如果没有条件做用户画像分析，可以通过别的方式来厘清你的用户需求，如他们喜欢玩什么，他们的语言和行为方式是什么样的，他们的爱好是什么和审美趋向怎样等。在设计前把用户属性分析得越透彻，设计就越有根据。同时，一般情况下，一个产品越小众，功能就越单一，在风格的体现上也就越明显。相反，一个产品越大众化，功能就越多，在风格的体现上也就越不明显。如图 4-86 所示，左图"微信"的目标用户可以说是横跨各个年龄段、各种职业，以及各种受教育环境，所以"微信"的设计基本很少去尝试非常前沿的视觉风格或交互动效，主色选择了偏大众化的绿色，并且未大面积出现；而社交工具"QQ"（右图）的目标用户多为年轻人，因此设计风格就偏活泼一些。不仅是设计风格，产品功能的设计与视觉风格基本也是在同一步调上的。（当然，近期腾讯也推出了办公简洁版"QQ"——"TIM"，其面向的目标群体是年轻的上班族，因此整体风格也就偏简洁、商务一些。）

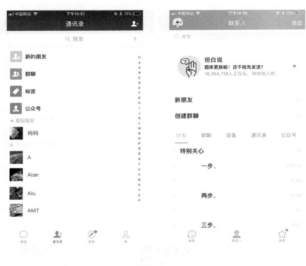

图 4-86

总之，目标用户年龄越大，对于产品的学习与理解能力越差。相反，目标用户年龄越小，学习与理解能力越强，对新事物的好奇心与学习欲望也越大，设计师展现创新能力的机会就越多。针对用户目标群体年龄跨度较大的产品界面设计，要尽量做到无障碍化设计，顾全大局，并且以功能体验为主，以视觉形式感为辅。除了年龄，男女用户比例也是左右产品风格的一个很重要的元素。针对一些以男性用户为主的产品，界面风格通常讲究干净和简洁；针对一些以女性用户为主的产品，界面风格通常讲究形式感。如图 4-87 所示，据不完全统计，2018 年女性偏好的是美图类产品，其中"美图秀秀"占据了榜首；而男性偏好的产品稍微复杂一些，工具类占比稍大一些。

女性用户偏爱的产品		男性用户偏爱的产品	
应用名称	APP偏好指数	应用名称	APP偏好指数
美图秀秀	74.1	MOMO陌陌	65.1
FaceU激萌	74.0	UC浏览器	64.5
B612咔叽	72.3	迅雷	64.2
芒果TV	71.8	汽车之家	63.6
美颜相机	70.8	京东	63.5

图 4-87

我们单独抽出两个产品并做风格上的对比分析。如图4-88所示,"美图秀秀"的界面(左图)形式感很明显,风格可爱、活泼,并且色彩很丰富;而"汽车之家"的界面(右图)风格则干净、清爽很多,并且以内容为主,没有过多形式感的设计。

图 4-88

当然,产品的目标用户不能单靠数据的支撑就直接定义,还需要一些更深入的分析思考。例如,一些婴幼儿电商类App只出售3岁以下孩子的日常生活用品。从表面上看,目标用户应该是小孩子,所以产品风格应该尽量显得可爱、萌趣一些。然而经过思考我们会发现,3岁以下的孩子基本是不会自己使用App购买商品的,即使花费精力设计出特别可爱的界面也并不会获得好的效果。而其真正的目标用户应该是孩子的父母。经过推算得知,1~3岁孩子的父母年龄以25~35岁居多,同时孩子的母亲使用该类App的几率又会比父亲使用的高一些,所以在设计界面时则需要以此类用户去建立模型导向。

● 基于产品属性

相比于用户群体，产品属性是设计师最容易获取到的信息。产品属性是指产品本身固有的性质，是产品在不同领域差异性（不同于其他产品的性质）的集合。也就是说，产品属性是产品性质的集合，也是产品差异性的集合。通俗地说，就是指设计师所要设计的这个产品是什么类型的产品，是交友用的社交产品，还是导航路线用的工具产品，这是产品属性最基本的定义。

产品属性在很大程度上左右了产品的视觉风格走向。当然，这并不属于设计师的主观行为，而是产品属性需要。例如，为什么"全民 K 歌"的设计风格如此青春洋溢（表现在大面积的橙红渐变和高饱和度的图标色彩渐变，加以丰富的图形变化），而同样作为音乐类产品，"虾米音乐"的设计风格就少了很多色彩，整体风格更偏文艺、冷静呢？这是因为"全民 K 歌"与"虾米音乐"从产品属性上就是有区别的。"全民 K 歌"的主要产品属性其实是娱乐社交，目标用户主要有两种。第 1 种目标用户是歌者。其首先解决了很多 K 歌爱好者一时兴起就能 K 歌的需求，其次满足了一些有实力的歌者打造个人歌星 IP 的需求，最后满足了一些歌者通过平台收取礼物来赚钱的需求。第 2 种目标用户是听众。其满足了一些用户喜欢听翻唱歌曲的需求、互动交友的需求和 K 歌追星的需求。而"虾米音乐"则是纯内容类的产品，即使目前也被加入了一些社交属性，但其核心还是为听歌爱好者提供海量的歌曲及 MV 资源。其实仔细去分析，"全民 K 歌"与"虾米音乐"之间的关系并不像很多人所想象的那样：都是听歌工具，一个原唱，一个翻唱。它们之间存在产品属性上的区别，即娱乐社交和内容的区别。图 4-89 所示分别为"全民 K 歌"和"虾米音乐"的界面。

图 4-89

产品属性分为工具类、内容类、业务类和社交类，如图 4-90 所示。当然，每一种属性类别下面还有其他小的类别，各个属性类别的界面风格大方向上会有些相通的地方，这些需要综合考量。

产品属性

图 4-90

（1）工具类——连接人与事件

工具类产品通常包含搜索引擎、美图、邮箱、日历、笔记、浏览器、游戏、运动及地图等产品。仔细分析就会发现，这类产品主要是以个人为中心的，实现连接人与事件的目的。当用户不满意当前使用的产品而换用其他同类产品时，其所需支付的成本（包括金钱、时间在内的各项成本）非常低。因为工具类产品基本不会产生与用户之间的互动，产品内也基本没有个人资源，不像"QQ"这种产品，换成其他的聊天工具，之前的好友就都没有了。因此，用户对于工具类的产品很容易喜新厌旧。例如，一个用户不用"百度地图"而改用"高德地图"，对自身基本不会产生影响。

那么，以上这些信息对用户体验设计师而言在做界面设计时有什么帮助呢？笔者概括了4个工具类产品设计的关键点，分别是简洁、精巧、易理解和个性化，以方便大家去理解和掌握，如图4-91所示。

工具类产品设计的关键点

图4-91

针对简洁而言，工具类产品大部分是单机产品，随用随开，用完即关。在用户停留时长比较短的情况下，复杂的设计会增加用户学习的时间成本，因此工具类产品只需让用户在打开产品时第一时间找到解决问题的按钮就可以了，其他一切阻碍视觉的元素都可以省略。如图4-92所示，极简设计的代表产品"Quark"浏览器就因为其简洁和能高效解决问题的设计而声名大噪。

图4-92

简洁的设计容易让界面看起来单调，由此衍生出一个风格要求——精巧。大家应该经常听到有人讲，好的设计应该简约而不简单。简单的定义是看起来元素少、不精巧，没有设计感；而简约则是虽然结构看起来简单、清晰，但是细节很丰富，并且设计感强。如图4-93所示，一款智能家居的产品界面设计干净清爽，且其每个图形的绘制都很精巧。当然，一些功能较为复杂的产品很少会把一个图形画得如此精巧，原因就是复杂的产品要通过设计让产品看起来没那么复杂，而功能单一的工具化产品则需要通过设计让界面看起来没有那么空，并且做到简约而不简单。

图 4-93

之前笔者已经讲过，用户使用工具类产品的目的通常是非常明确的。基于这种情况，工具类产品的设计就应该让用户更易理解。如图 4-94 所示，"ofo 共享单车"（左图）是一种出行工具类产品，用户打开 App 后，很明确的目的就是扫码骑车，所以其扫码用车按钮做得很明显，并且加以文字说明，更方便用户理解。不过在添加文字说明时，要注意文字不要太多，否则会适得其反，增加用户的理解难度。除非像"印象笔记"（右图）这样的工具类产品，其用户群体的整体文化水平都较高，年龄也偏小，新建笔记和浏览从前记录的笔记是用户打开此类产品后的两种高频交互行为，所以将"新建笔记"的按钮做成高亮效果放在标签栏中间，"全部笔记"与"查找笔记"则出现在首页最高层级。

图 4-94

　　工具类产品非常容易体现出设计风格，也很容易塑造出产品的性格，这是因为工具类产品大部分的界面元素都可以进行设计。这是什么意思呢？下面举例说明。当我们在做一款资讯类产品时，图标画得非常精巧，界面留白也很到位，从设计稿的角度去预览，效果是非常好的，然而在产品上线之后，大面积配图会把设计师主观设计的元素压得毫无存在感。同时，针对一些产品（尤其是资讯类产品），设计师是很难主观去把控配图质量的。而对于工具类产品来说，这种主观不可控的元素非常少，基本设计稿与上线后的效果相差无几。所以，不同工具属性的产品是可以定义属于自己产品的个性的。如图 4-95 所示，"滴滴打车"企业版的首页（左图）非常能体现出企业的个性，设计师可以主观地去定义界面中的插图元素，并赋予产品更多的个性；"墨迹天气"（右图）使用天气播报员的卡通形象和随天气变化的背景元素，也具备了个性化的设计风格。

图 4-95

（2）内容类——连接人与信息

　　内容类产品的主要代表有视频类、音乐类、新闻资讯类和电子图书类产品。这类产品以内容为主，其主要作用是连接人与信息，因此核心是信息。如何让用户以最快的速度获取最有价值的信息，并且抓住自己有的而大家没有的内容是这类产品的生存之本。这一点在"爱奇艺"的各种独播、自制剧等内容上体现得比较明显。当然，这里所说的"内容为主"也并不是说设计不重要。良好的设计风格可以带来良好的用户体验。就视频类 App 而言，用户在使用视频类 App 的过程中重要的体验有两点，即找视频和看视频。如果把这种体验做到极致，就可以增强用户对产品的好感，并加强用户与产品的黏合度。同时，这里不得不说明的一点是，内容类产品与工具类产品在设计上某些方面是相反的。例如，工具类产品主观可设计的元素较多且风格较易呈现，而内容类产品以内容为主，主观可设计的元素较少。当然，由于内容类产品需要用户长时间阅读，因此也很少从视觉上做太多文章。笔者概括了内容类产品界面设计的 3 个关键点，即耐看、干净及规范，如图 4-96 所示。

内容类产品界面设计的关键点

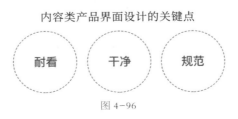

图 4-96

说到"耐看"，需要先通过一个例子分析一下工具类产品与内容类产品的区别。如果说工具类产品是随用随开，用完即关，那么内容类产品就可以说是随用随开，但是打开后一段时间内一般不会关掉。从表面上看，"印象笔记"这种工具类产品与某些资讯类产品都可以看文章，只不过前者是看自己记录的笔记，后者是看系统推荐的文章而已。但为什么它们一个属于工具类产品，而另一个属于内容类产品呢？其实从用户开启产品的时长就可以看出，用户打开"印象笔记"更多的是想从自己的笔记中找到目前需要用到的信息，目的性较强，并且找到后基本很快就会关掉。而用户打开资讯类产品更多的是没有目的地刷一些推荐内容，什么时候关掉产品并不取决于用户看满几条，而取决于什么时候有其他事情了或是单纯地不想看了这种不确定因素。因此，用户打开内容类产品后往往会停留时间较长，所以耐看对于内容类产品而言是一个非常重要的因素。如图 4-97 所示，"简书"（左图）与"UC 头条"（右图）虽然一个是原创类短文 App，一个是新闻资讯 App，但都属于内容类产品。从界面设计的风格和形式上看，它们有很多地方非常相似：需要用户长时间阅读的界面，就会通过减少主观设计元素而让界面更耐看。

图 4-97

同时，内容类产品能做到耐看且干净也是非常重要的。在内容类产品的界面设计中，界面的"脏"与"净"不是单指某个元素，而是元素之间的组合所产生的视觉效果。例如，一张纯深灰色的纸与一张浅灰色的纸，没有人会说哪张是脏的；而此时若在浅灰色的纸面上叠加深灰色，就会让人感觉纸变脏了。如图 4-98 所示。

图 4-98

干净的界面除了更耐看，还会让用户忽略设计，从而把注意力放在内容上。在界面设计中，干净并不代表着元素一定要少，而主要在于对界面的整体洁净度的把控。通过让层级更清晰，版式更整齐，以及色彩少而高饱和等方式都可以让界面更干净。如图4-99所示，在两个界面使用相同元素的情况下，由于左图中部分元素之间的组合产生了比较脏的效果，因此左图的信息明显没有右图清晰。

图 4-99

规范可以让设计变得更不容易被用户所感知。某位用户体验设计师曾说过："好的设计，当它设计得好时会变得不可见。只有当它设计得不好的时候，我们才会注意到它。可以将它想成是一个房间里的空调，只有太热、太冷、噪声太大或是水滴滴在我们身上，我们才会发觉空调的存在。然而，如果空调是完美的，没人会说什么，反而我们会集中注意力在手头的任务上。"在内容类产品设计中，这段话也很实用。只有让用户更轻松地获取到信息才是这类产品设计的目的的，而用户对于变化是非常敏感的。例如，首页列表的文字字号为24号，而二级页列表的文字字号却为18号，这一点用户很容易就会感知到，更不用说字体颜色上的变化了，而在同属性的板块之间使用这些变化就是多余的。制定详细的规范，尽量少地让用户感知到变化，也是内容类产品的一种风格体现。如图4-100所示，规范应该渗透在界面中的各个角落，除了间距规范，还有详细的字体字号规范、色彩规范等。

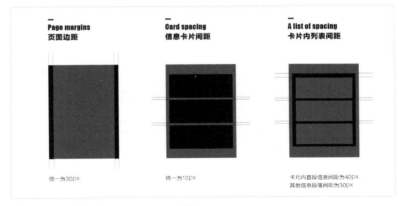

图 4-100

（3）业务类——连接人与业务流程

业务类产品的主要代表有电子商务类、团购类和旅行类产品。这类产品的特点是产品功能比较复杂且庞大。例如，有很多人可能会觉得"淘宝"或"天猫"的用户界面设计得不是很好，复杂到难以找到想要的功能点，比不上很多小型购物网站。可是为什么很多用户还是会用它呢？在笔者看来，第 1 个原因是，像"淘宝"这种产品并不是由一个设计团队负责，而是由很多团队负责，并且每一个团队可能只负责产品其中的一个板块。当然，每一个团队都想让自己的数据更好看，所以首页的信息肯定会被各种运营活动所占据。第 2 个原因是，大家上"淘宝"买东西时，应该是希望买些性价比较高的衣服或其他相对来说价格不会太高的东西。因为"淘宝"给用户所营造的印象是一个线上的"大型购物广场"，所以需要有热闹的气氛，才可以刺激用户购物的欲望。当然，这只是针对"淘宝"这种电商产品而言。业务类产品由于功能较多，板块较复杂，因此相比内容类产品来说会更考验设计师的设计功底。在这里，我们将业务类产品界面设计的关键点概括为 3 个，即丰富、品牌及归类，如图 4-101 所示。

业务类产品界面设计的关键点

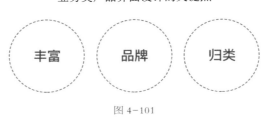

图 4-101

由于业务类产品本身的功能板块就比较复杂，因此设计风格就要与产品本身的步调一致，即保持丰富性。这里的"丰富"指很多方面，除了配色上的丰富，还有交互方式上的丰富、版面形式上的丰富等。就拿团购类产品来说，由于其团购的类别过多，除了大家常用的美食和娱乐项目，甚至还包括景点门票、车票等。过多的内容让其不得不以各种各样的交互方式和五花八门的入口来承载这些功能，因此从版式上来看会较为丰富。色彩也是同理，由于需要区分的板块信息太多，有时候不加入色彩会让产品体验更差。例如，如果各种各样的快捷入口都使用了同一种颜色，在视觉上就很难区分开来。

讲到这里，有些读者可能会产生这样的疑问："为什么同样都是业务类产品，'网易严选'的界面功能看起来就没那么丰富呢？"这里笔者想说的是，丰富其实并不代表热闹。丰富是指版面内的不同设计元素变化多样。大家仔细观察就会发现，"网易严选"由于走的是高冷、高品质产品路线，因此颜色的饱和度会低一些，但是整体配色与版式看起来还是挺丰富的。

如图 4-102 所示，左边界面中的颜色很丰富，只不过饱和度偏低；右边界面中用实物照片代替了图标，但视觉上仍然很丰富。这是因为业务类产品需要这些对比，如果把这些实物照片换成同色系的图标，虽然界面会变得更和谐统一，但会影响用户体验。

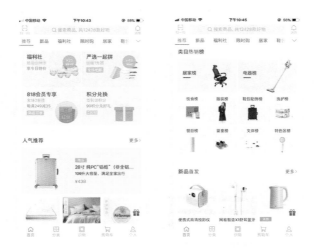

图 4-102

前面笔者讲过，很多内容类产品在设计上有相通之处，因此很难做出花样来，但是业务类产品却不一样。业务类产品设计很容易体现出品牌的独特性，同时品牌传递也是这类产品的设计师需要重点思考的一点，如"京东"的品牌红和机器狗卡通形象的运用，"美团外卖"的品牌黄和卡通袋鼠形象的运用等。业务类产品往往本身在产品战略方面就会有差异化。例如，"京东"以数码电器与物流为核心竞争力，"淘宝"以商品性价比高且齐全、可筛选性强为核心竞争力，"蘑菇街"以女装搭配为核心竞争力等。而设计恰恰就要通过强化这种核心竞争力，使其深入人心，通过配色、图标细节、下拉刷新和空界面等元素强调品牌元素。如图 4-103 和图 4-104 所示，"网易考拉"最近进行了一次品牌升级，考拉的品牌形象与品牌红色延续在产品的各个角落，给用户留下了深刻的印象。

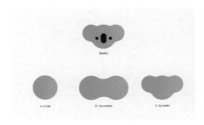

图 4-103

图 4-104

为什么业务类产品看起来板块分割都很严重，很少有大面积的留白呢？业务类产品功能复杂，首页更可以说是寸土寸金，当首页不同的入口过多，并且每一个入口都是一个单独的板块时，首屏能让用户看到就显得太重要了。当然，首屏的设计很多时候也不像一些人所讲的那样必须展示更多的信息。如果是千篇一律的列表，首屏能显示 3 个还是 4 个就显得没那么重要了，所以一些内容类的产品由于列表形式单一，因此不需要做多余的分割处理，而进行大的留白处理就可以了。那么，为什么同样是业务类产品，一些设计交流平台上发布的概念稿看起来就那么清爽呢？其实概念稿也可以理解为练习作品，练习作品更多的是设计师单方面的思考，不会顾虑到所有的情况及产品所有需要的功能。也就是说，把这种概念稿当作小小的练习是可以的，然而如果真的需要上线功能就太单一了，并且相比竞品来说是毫无竞争力的。"看"与"用"是完全不同的维度，这也间接体现了艺术跟商业之间的差异。

如今，虽然极简设计与无框设计很流行，但是业务类产品依旧需要很明确的板块分割。当信息板块较为复杂时，每一块相关的信息归为一类并使用分隔符号，使其与其他信息分割开来，可以让界面更有秩序且更清晰。如图 4-105 所示，"携程旅行"由于业务种类较多，除了使用版式归类，在色彩上也使用了归类的方法。

图 4-105

（4）社交类——连接人与人

社交类产品的圈子相比其他类产品来说更复杂一些，代表产品有熟人社交类、陌生交友类和社区类产品。社交类产品的核心是用户量，与工具类产品的对比很鲜明：工具类产品是一个人用就可以产生价值，而社交类产品是很多人一起用才可以产生价值。社交类产品几乎很难做到一夜爆红，但是一旦成功就很难被取代。就像"易信""来往"都无法与"微信"抗衡一样，因为他们缺了该类产品最需要的用户，所以产品做得再怎么好玩、好看，也没能实现其应有的价值。当然，对于设计师来说，这并不代表着社交类产品设计就不重要了。任何一种产品其实都可以不进行视觉设计，将产品经理的原型图直接交与开发也可以实现功能，而设计师的作用本身就是锦上添花。这里之所以强调社交类产品的用户量，是因为设计风格本身会受到用户量的影响。社交类产品的设计关键点有两个，即互动感和仪式感，如图 4-106 所示。

社交类产品的设计关键点

图 4-106

互动感这个概念不难理解，社交行为本就是用户之间的互动行为。用户在打开一款社交类产品时，更期望有其他用户与之互动，所以互动感应该体现在社交类产品的各个方面。例如，熟人社交的首页多显示消息列表，新消息靠前显示，好友的生活动态同样层次放得很高。而陌生人社交一般刚注册的账号都会有一些"机器人"用户来打招呼，让用户刚注册完就可以感觉到这个产品是有价值的。如何在用户体验设计层面让用户具体体验到互动感呢？这个在后面的章节会详细地进行讲解，而这里先大概解释一下。先要清楚何为互动感。有参加过演唱会或其他演出活动现场的读者应该更能体验到互动感的重要性。互动感就是让用户感觉到自己的存在，而不是"路人"。例如，笔者上课的过程中经常会抛出一些问题让学生去思考解答，或者在课堂上回答学生现场问的一些问题，以此来增强学生的互动感和参与感，让学生体验更好。

如图 4-107 所示，"知乎"的"邀请"回答功能（左图）极大地增强了用户之间的互动感，即使对新用户，这个邀请回答的通知同样会让其有参与和互动的感觉；"微博"的个人中心页（右图）动态数据外露也是社交类产品经常使用的设计技巧。

图 4-107

由于社交类产品的每一段信息都与用户挂钩（例如，当有好友或关注的用户发布了新的动态，我们更关注这条动态是谁发布的，然后才是动态本身的内容），因此每一条内容都要有足够的仪式感。在日常生活中，以一种微小的行为传达生活的体验与感觉，可以称为"生活中的仪式感"，它无处不在。生活中的仪式感能使"将就"的生活过成"讲究"的生活，意味着生活不仅是生存，还需要一些仪式感来唤醒内心的有趣和热情。在社交类产品的用户体验设计中，仪式感显得尤为重要。如图 4-108 所示，"微信"聊天界面（左图）单独跳页，并且头像按照一个居左、一个居右的形式显示，以及自己发送的消息气泡与其他用户发送的气泡颜色不同等，都是基础仪式感的体现；"绿洲"（右图）将每一个用户发布的动态都单独用一张卡片承载体现出了最基础的仪式感，增加用户与用户所在板块之间的留白也体现了仪式感。

图 4-108

　　当然，产品风格并不是固定不变的，如什么样的产品就应该定什么风格，而是需要综合去考虑。例如，一些比较小众的内容类产品（如搞笑段子类的产品）的目标用户普遍比较年轻。这时，产品的风格就可以做得年轻、有趣一些，但是仍然要遵循耐看、干净和规范的基本原则。甚至有的产品定位比较模糊，到底是做社交，还是做内容，本身就没有明确定位，这时候就需要有些取舍了。例如，"探探"等产品使用了卡片的设计增加用户的仪式感。而内容类产品需要耐看，因此其卡片设计不能太过，适当即可。

4.8.2　影响产品风格的元素

　　前面所讲的是各种类型的产品分别适合的风格，那么影响产品风格的元素有哪些呢？这里笔者给大家解析一下。

● 年轻化与大众化产品风格的体现

　　大家一定要了解为什么自己的产品要定义为年轻化风格的设计。年轻化产品的目标用户肯定是年轻人，而且产品本身的属性就比较年轻化。例如，类似"抖音"这种短视频产品无论是产品属性还是目标用户都很年轻化，那么就可以把产品的风格定义为年轻化。然而，如果是针对都市上班族年轻人疾病咨询的医疗类产品，即使这款产品的目标用户依然是年轻人，产品风格也不适合做得过于年轻化。因为年轻给人的感受是不稳定的、不可靠的，医疗类产品需要营造出专业的、可信赖的感觉，所以在定义产品风格之前这些都是要仔细考虑的。

年轻化的产品由于产品属性的区别会营造出不同的视觉感受，针对这点后面笔者会去详细解析。这里，笔者先将年轻化产品的特点概括为3个关键词——含蓄、对比及有态度，如图4-109所示。

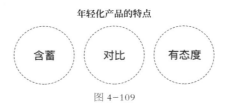

图4-109

含蓄的意思是表达上委婉且耐人寻味。在用户体验设计中，含蓄是指年轻用户对于产品的包容性和较强的学习性，因此可以在产品中尝试着设计一些需要用户去思考的元素。例如，年轻化的产品中图标应用较多，年轻用户看到"房子"元素的图标就会联想到主页，看到"大拇指"元素就可以联想到"点赞"，并不需要全部用文字表达出来，这是含蓄的一种体现。如图4-110所示，针对"字里行间"（左图）这种非常年轻化的产品，即使底部标签栏的图标文字直接被省略掉，也不会影响目标用的产品使用体验；而针对"汽车之家"（右图）这种目标用户跨度比较大的产品，有可能影响用户理解的图标都会加文字说明。

图4-110

当然，含蓄还体现在字号上。年轻化的产品使用的字号一般会比目标用户年龄较大或用户群体较广的产品使用的字号要小，字号过大会显得粗糙，相反则会显得更精致一些。如图4-111所示，"今日头条"（左图）由于其目标用户年龄稍大，为了包容视力较差的用户，整个产品的字号都会处理得较大，给人的感受就会比较粗糙；"轻芒"杂志（右图）这种年轻化的内容类产品，其字体则普遍会小一些、细一些，以突显精致感。

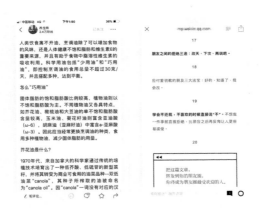

图4-111

前面所讲的"字号小"是就不同类型产品内的整体字号对比而言，并不是说年轻化的产品内所有字号都偏小。目前比较流行的大字重风格也同样适用于这类产品。这也就涉及年轻化产品的第2个关键词——对比。由于年轻化产品可选择的表达方式较多，如字号可选择的跨度较大，用户对于留白的包容性较大等，这些细节就可以将产品的对比拉得很大。而对比本来就可以体现出美感，所以年轻化的产品普遍格调较高。如图4-112所示，大家观察一下这几幅图顶部的分段选项标签："VUE"视频播客（左图）中选中状态与非选中状态对比很强，选中状态字体高亮并加以符号表现，而未选中状态则颜色非常浅；"虾米音乐"（中图）使用了大字重的设计风格，选中标签与非选中标签在字号大小上也有强烈的视觉对比；针对"今日头条"（右图）这种用户群体跨度较大的产品，其分段选项标签中选中状态与非选中状态虽然仅进行了颜色上的区分，但区分同样清晰可见。

图 4-112

上面列举的产品都是内容类产品，因此都以耐看为主，所以色彩上的对比不会很强烈。而一些针对年轻用户开发的业务类产品在色彩对比上就很明显，这里就不再一一举例了。

说到"有态度"这个概念，很多读者就不太容易理解了。"有态度"的意思是让产品有明确的风格倾向，其缘由是年轻用户本身比较个性化一些，所以产品的设计也要迎合年轻用户的心理预期。例如，针对年轻女性用户的电商类产品就可以做得可爱、粉嫩一些，针对年轻用户的短视频产品就可以做得动感一些，针对年轻感性用户的阅读类产品就可以做得文艺、安静一些，给用户传达出产品应有的态度。如图4-113所示，"轻芒"杂志为了传递出非常文艺的产品气息，增加了留白区域，拉大了文字间的对比并且植入了特殊字体。虽然阅读效率没有最大化，但是这种风格是非常受年轻用户喜爱的。

图 4-113

● 娱乐类与专业类产品的风格体现

由于产品的风格种类太多，因此这里选择两种比较有代表性的产品风格解析一下，即娱乐类产品和专业类产品的风格。娱乐类产品与专业类产品的风格到底通过哪些元素可以直接反映出来呢？其实前面也讲到过一些，当然是大方面上的。例如，娱乐类产品在设计上会表现得更含蓄一些，让用户有更多思考的空间，因为这类产品容错性较高；而财经工具类产品由于容错率较低，因此在设计上一般会表现得面面俱到一些，让用户的学习成本降到最低。下面将从设计细节上去分析一下这两类产品的差异化，主要包含结构、色彩和细节这3个方面。

首先是结构。从这两类产品的结构上看，娱乐类产品的结构比较松散，留白较多，并且在板块之间逻辑上比较善于创新。例如，"抖音"App中的"左滑搜索""右滑进入个人主页""双击屏幕点赞"等逻辑在界面上就没有视觉提示，关联感不强。专业类产品的结构更紧凑一些，板块之间关联性更强，层级也会比较清晰，这也是严谨的一种体现。

其次是色彩。色彩数量越少，产品越显专业；色彩数量越多，情感越丰富。色彩分布越集中，产品越显专业；色彩分布越分散，产品越显不稳重。色彩饱和度越低，产品越显专业；色彩饱和度越高，产品越显娱乐化。专业类产品的色彩往往都有特殊含义，不可随意选择；而娱乐类产品的色彩相对来说较为随意。如图4-114所示，"高铁管家"App为了营造权威、专业的视觉感受，整个产品很少出现大面积的色彩，并且主色为蓝色。

图 4-114

再次是细节。针对细节处理之前笔者已讲过。在界面设计中，细节设计包括图标的使用、对齐方式的选择及圆角与尖角的选择等。

在图标的使用方面，娱乐化的产品可以融入很多风格化的元素，并且除了功能所需，也会在一些标题前加入一些辅助装饰性的图标，识别性即使较低一些也可以被用户接受。而专业类产品对于图标的识别性永远是放在第一位的，并且能用文字表示清楚的也极少去单独使用图标。尤其是金融类产品，由于涉及用户财产，因此可能会因为一个图标表意不清晰而让用户遭受经济上的损失。

从对齐方式来看，娱乐类产品常采用左对齐的方式，而专业类产品很多时候会用到数据可视化设计，因此对齐方式也是非常需要注意的。文字左对齐和数字右对齐的设计方式能让用户快速识别数字体量。用户在读一个较大的数字时，通常是从后面开始感知的。例如，"239192031"从左往右看，一下子很难看出"2"这个数字位于千万位还是亿位，而数字右对齐可以为用户提供更自然的阅读方式。如图4-115所示，在一些收益类产品设计中，如果所有信息都左对齐，会使阅读效率降低；而采用左对齐和右对齐结合的方式，则能让数据对比更清晰，并且节省用户理解的时间。当然，如果标题随内容对齐，内容右对齐，相对的标题也右对齐，最好不要出现内容与标题的对齐方式相反的情况。

图4-115

圆角与尖角是经常提到的一个设计知识点，同时也是非常容易影响产品风格一个设计细节。尖角与圆角的选择可以说是贯穿于整个产品中的，如图标的尖角与圆角、卡片的尖角与圆角、图片的尖角与圆角，以及按钮的尖角与圆角等。尖角更具权威感与专业感，但这并不意味着所有专业类产品都必须使用尖角设计。其实在界面设计中，无论什么产品，都很少出现绝对的尖角。绝对的尖角缺少亲和力，会让用户缺乏安全感，也会显得不精致。因此，相比娱乐类产品来说，专业类产品中的圆角肯定会比较小，可见即可，在亲和力与权威专业性之间得以平衡。如图4-116所示，"唱吧"（左图）的圆角设计贯穿整个产品，从右上角的图标到Feed流卡片均为圆角设计；而像"TIM"（右图）这类专业办公类聊天产品却是以尖角设计贯穿整个产品，从右上角"设置"图标到背景图片均为尖角设计，以此来彰显产品的专业性。

图4-116

第 5 章

交互体验基础

　　随着互联网产品的发展越来越成熟，动效设计能力与微交互设计能力成为拉开用户体验设计师之间差距的主要因素。本章旨在带领读者全面了解互联网产品线，产品交互动效设计及微交互设计的技巧与方法，培养设计师的动态设计能力，提升设计师的市场竞争力，并提升产品品质。

5.1 产品思维

　　所谓产品思维，就是要求设计师要对用户有足够的了解，对用户需求有自己的见解，对产品定义有恰到好处的把控，并且对产品的核心结构有清晰的认知。通俗一点地解释，就是要了解用户打开产品时真正想看到的是什么，主要需解决的核心痛点和次要需解决的痛点是什么，从而根据用户的心理预期设计和优化界面中的层级、各元素的视觉表现和交互方式。设计师不仅要不断地优化产品，而且要增强用户对产品的黏性，让用户真正离不开产品。

5.1.1 初识产品线

　　了解产品线中的团队配合方式和各个职位所负责的工作，在工作中可以节省一些不必要的沟通时间，并且更顺畅地进行工作对接。一般常规的产品线技术团队包括产品经理、用户体验设计师（主要负责交互与视觉设计，国内很多公司将这个职位分为交互设计师与用户界面设计师）、开发工程师和测试工程师。常规产品技术团队合作流程如图 5-1 所示。

图 5-1

● **产品经理**

　　产品的开发是为了解决用户的某种需求。在日常工作中，产品经理（product manager，PM）要善于发现用户在生活中遇到的问题，他们有什么核心痛点，然后对这些痛点进行总结和分析，并提供合适的解决方案。之后，再通过市场调研去印证这个方案是否合理，有多大的用户规模，是否真正值得做。如果市场上已经有了类似的产品，需要分析这些产品做得如何，同时结合这些产品分析自身团队的优势和劣势、开发实现的难度及投入成本。经过全面的市场分析之后，如果确定这个方案值得实现，下一步就是进行用户调研，进一步分析用户需求，并设计低保真原型后推动整个产品线的工作，并且制订产品规划。以上是产品经理主要负责的一些工作内容。当然，前期的方案和调研一般会由团队的多个成员共同完成。

- **用户体验设计师**

用户体验设计师一般负责产品的交互和视觉稿的产出，并且不断地优化产品，让用户有更好的使用体验。

- **开发工程师**

开发工程师的职责主要是将用户体验设计师的设计稿进行开发并实现。客户端一般分为iOS 系统与 Android 系统，还有与 Web 相关的开发工作，包括后端（数据库、服务等）、前端（HTML 、CSS、JavaScript），以及安全和运营维护等。

- **测试工程师**

开发完成后，测试工程师负责在测试环境内模拟用户所有可能有的操作方式进行测试，包括代码及产品使用过程中的体验问题。把一些体验不佳的问题（我们称之为"Bug"）反馈给开发工程师与用户体验设计师，进行再次优化，直到产品上线。

5.1.2 用户调研的方法

用户调研指通过各种方式得到受访者的意见和建议，并对此进行归纳和总结。用户调研的目的在于为产品设计提供相关数据基础。用户调研的方法包含以下两种。

- **调查问卷**

调查问卷是较常用的一种用户调研方法。而如今更多的是采用互联网调查问卷的形式。例如，针对一款外卖类产品，我们可以通过提出"您更注重送餐的速度还是餐品的口味？""您对品牌连锁的商家会优先选择吗？"等问题了解到用户的真实需求，并确定产品的最终结构。不过需要注意的是，在问卷过程中，尽量不要问与产品无关或太过空泛的问题，如"如果您做一款外卖产品，您会怎么做？"这种问题，用户其实是很难回答的。而常用的调查问卷网站有"腾讯问卷""问卷星"等。

- **用户访谈**

用户访谈就是通过约一些典型的用户进行面对面的问答，从而更具体地了解用户的行为及行为背后的含义，然后解释数据反映的事实，并利用得出的结论指导设计或产品方案。

5.1.3 用户画像

通过前面的用户调研数据，模拟出几个典型用户的形象，包括个人基础信息（如姓名、性别、年龄、爱好和收入情况等），以及用户的痛点和需求。用户画像可以让设计师抛弃自己的喜好，进而关注目标用户的动机和行为。图5-2所示为针对一款英语学习类产品的分析得出的用户画像。

个人标签

西装革履 / 工作繁忙 / 时间极其宝贵 / 注重人脉 / 讲究商业保密性 / 有跨国合作业务 / 国际性交流关注股市 / 政治 / 金融等新闻资讯

痛点

1：一般的英语交流还凑合，一遇到专业词汇就犯难
2：想用最新时事打开话匣子，拉近人脉关系，但英语又词穷
3：约见客户总要带随身翻译，不方便，又怕商业机密被泄露
4：看外文资讯遇到新兴词汇的缩写形式就得复制粘贴来翻译
5：有点英语基础但不精通，想提高又没时间系统学习

需求

商业金融相关的专业词汇 / 新兴词汇的了解，随时翻译，情景使用。 / 不需要特别抽时间学习，只是闲暇时使用，最好在这个过程中能有其他的意外收获，而不是只学英语，要有1+1＞2的效果。

陈鹏
男 / 已婚 / 有车有房

月收入：2.2万元

兴趣：高尔夫，红酒，香烟
身份：金领，企业，高管
兴趣：高尔夫，红酒，香烟

图 5-2

5.1.4 需求分析

在产品设计初期，我们通常会收集非常多的需求并进行分析。需求分析的含义就是对一些琐碎的需求进行整合并分析，然后筛选出哪些是核心需求，哪些是伪需求，哪些是初期需要做的，哪些是后续产品迭代中需要做的。在产品设计中，并不是所有的用户需求都需要满足。例如，用户在看电影的时候肯定不希望有广告，而产品需要靠这些广告来获得收益。需求分析的目的就是将用户的需求最终转换为产品需求。

说到这里，我们就要说一下"马斯洛需求层次理论"了。该理论指出：人的需求分为5个层次，即生理需求、安全需求、社交需求、尊重需求和自我实现需求。生理需求是底层的需求，包括呼吸、水、食物和睡眠等。安全需求在生理需求之上，一旦人们满足了生理需求，就要对自己的财产安全、健康保障和家庭的安全有需求了。再往上就是社交需求，人人都希望得到关心与照顾，当自己的安全需求得到满足的前提下，当自己的社交圈子足够大的时候，就希望周围的人都尊重自己，得到社会的认可，这就是更高层次的尊重需求。最后是自我实现需求，人们都有改变社会或改变人们生活习惯的梦想，如莱特兄弟发明了飞机、爱迪生发明了电灯等，通过一己之力改变了人们的生活方式，这就是自我实现需求。而其中的规律就是这个5个需求呈金字塔形，层次越高，达到的人越少，并且必须从底层一步一步实现。例如，如果在沙漠里，没有水喝，谁还会在乎自己身上的钱会不会被偷呢？

这个理论在用户体验设计中同样重要。例如，微信满足的是人们的社交需求，但如果它没有满足第 2 个层次的安全需求（如经常泄露用户之间的聊天信息），那么这个产品就会像没有地基的摩天大楼一样轰然倒塌。因此，"马斯洛需求层次理论"是设计师做产品时要考虑到的最基础的需求理论知识，如图 5-3 所示。

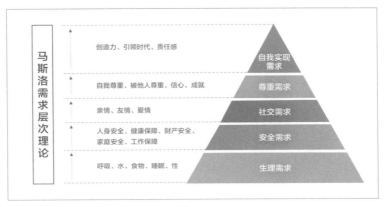

图 5-3

5.1.5 竞品分析

顾名思义，竞品分析就是把与自己的产品相似的产品找出来，通过分析其结构、流程、单个界面的布局及视觉设计，再深入竞品的运营策略、盈利模式，学习优点，摒弃缺点，并且寻找与竞品的差异化及自身的核心竞争力。"知己知彼，百战不殆"这句话就可以简单地概括竞品分析的含义。例如，"抖音"与"快手"两款产品的结构与玩法都很相似，然而我们对它们各自的营销策略与针对的用户群体进行分析之后，就可以找到差异点。

5.1.6 可用性测试

通俗地讲，可用性测试就是找一些典型的目标用户，通过使用产品的高保真演示来反馈使用中的感受。移动端一般使用录屏工具 Mobizen（Android 系统）、Quicktime（iOS 系统）和 Display Recorder（iOS 系统）来记录用户使用过程中的声音与操作方式，并询问用户打开每一个界面时的感受，如"用户进入界面时，界面是否为用户预期的样子？""用户打开产品会想先点击什么内容？为什么要点击它？"通过这些问题的反馈，寻找典型问题并进行修改优化，可以让产品的体验更贴近用户预期。

5.1.7 低保真原型图

在越来越注重工作效率的今天，低保真原型图越来越能突显出优势。简单地绘制出产品框架，大致表达清楚界面中各个元素的意义以及所处位置。低保真原型图相比高保真原型图少了很多美观性，而正是因为这一点才让使用者更多地去思考内容本身而不是外观。通过低保真原型图确定产品流程和框架的可行性，再着手进行高保真界面的设计，可以大大提高工作效率。图 5-4 所示为一款汽车论坛类 App 的低保真原型图。通过这个原型图我们可以较清楚地知道一个完整的界面的功能结构框架是什么样的。

图 5-4

5.1.8 5W1H产品分析法

美国政治学家哈罗德·拉斯韦尔（Harold Lasswell）提出了"5W 分析法"，之后经过人们的不断运用和总结，逐步形成了一套成熟的 5W1H 产品分析。5W1H 产品分析法是一种思考方法，也可以说是一种创造技法，多被用于项目管理中。5W1H 产品分析法对要解决问题的目的（Why）、对象（What）、地点（Where）、时间（When）、人员（Who）和方法（How）提出一系列的问题，如图 5-5 所示。

图 5-5

当然，此分析法在用户体验设计中同样适用。在设计某产品或功能需求时，通过这几个角度去思考印证，最终落地的方案更加具有可行性。

如果通过5W1H产品分析法分析现行的产品或构思都行得通，便可以认为这个产品是可行的。如果在任何一个问题上没有令人满意，那就说明该产品还有优化的余地。同理，如果在某一个问题的回答上令人眼前一亮，那么就可以扩大产品这一方面的效用。

下面以"美团外卖"为例，用5W1H产品分析法对该产品进行分析。

问：用户通过这个产品可以做什么？这个产品能为用户解决什么痛点？

答： 对于订餐用户来说，通过"美团外卖"可以足不出户解决吃饭的问题，可以节省往返餐厅所花费的时间。在天气不好不方便出门时，也会有外卖小哥将饭菜送到自己所在的位置。而商家用户可以通过"美团外卖"获取更多的订单，并且为店内腾出更多的座位。对于外卖小哥来说，可以通过产品获得薪酬。

问：用户会在什么地点使用这个产品？

答： 订餐用户会在公司、家及各娱乐场使用；商家用户多在自家店内使用；而外卖小哥更多的是在路上或室外的一些不确定的位置使用。

问：用户为什么要使用这个产品？这个产品相比竞品有什么不同？

答： 这里就牵扯到大篇幅的竞品分析、产品结构、盈利模式和交互视觉体验了。"美团外卖"与"饿了么"都是通过线上支付、线下送货完成消费的。从视觉体验上说，"美团外卖"界面在设计时主色为黄色。而从用户心理上来说，黄色比"饿了么"的科技蓝更能提起人的食欲一些，因为在生活中很少有食物本身是蓝色的，且大多烹饪好的美食都是暖色系的。

问：用户会在什么时候使用这个产品？

答： 大部分用户会在午餐和晚餐时间使用，即11:00~13:00和17:00~19:00。

问：产品的用户群是哪些，即哪些是产品的目标用户？

答： 用户群分为3类——订餐用户、商家用户及外卖小哥。而一个交互流程的发起者还是订餐用户，因此如何吸引订餐用户是核心需求。

问：产品具体要如何落地？有哪些实施的方法？

答： 外卖O2O（online to offline，线上到线下）模式的本质无非就是把线下的餐饮信息放到线上，再把线上的客人流量导入线下门店，并且通过红包福利等吸引订餐用户，通过评价系统平衡送餐者与订餐者之间的关系。根据不同的用户群设计不同的端口产品界面。根据订餐的高峰时间段或低峰时间段，设置不同的预计送达时间。交互体验上节省用户挑选的时间，让用户有目的地进行筛选，并且设定店家推荐或店家招牌产品。视觉体验上主要提升订餐用户的食欲，图文结合，并且尽量提高商家的图片质量。嵌入活动H5界面，营造产品的运营感，刺激用户的消费欲望。

经过上述分析，落地到各个功能。当然，这是从大的产品角度去分析。如果产品已经成型，后期需要优化体验，加入新功能时，也可以通过5W1H产品分析法进行分析，让设计具有理论依据，这便是用户体验设计师掌握5W1H产品分析法的目的所在。

5.2 交互动效规律

随着互联网产品的发展愈发成熟，App 界面设计由静态往动态交互发展的趋势也越发明显，甚至很多一线互联网企业都有单独的动效设计师岗位，重视程度可见一斑。交互体验是用户体验设计中非常重要的一环，静态界面完成之后，可以制订交互原则来提升产品的细节与品质感。

5.2.1 动效设计的意义

动效设计不仅是视觉反馈层面的优化，其意义还可以归纳为以下 3 点。

● **提升用户体验**

设计师若只追求静态像素的完美呈现，而忽略动态过程的合理表达，会导致用户不能在视觉上觉察元素的连续变化，进而很难对新旧状态的更替有清晰的感知。迪士尼的一名动画大师曾说过："动画的一切皆在于时间点和空间幅度。"通过"时间点"和"空间幅度"的设计可为用户建立运动的可信度，即视觉上的真实感。当用户意识到这个动作合理的时候，才能更加愉悦地使用产品。那么，什么是视觉上的真实感呢？举一个最简单的例子，当我们使用产品提交表单并加载信息时，如果加入一个进度条，可以看到加载进度，相比静止不动的加载状态来说，这种动效可以让用户更清楚自己当前所处的位置。如图 5-6 所示，加载时的进度条可以为用户建立产品视觉上的真实感。

图 5-6

当我们想用一些元素吸引用户的注意力时，也会使用动效抬高视觉层级。最常见的就是，在产品的一些活动入口中，将按钮做成动态的缩放效果或红包在角落左右晃动的效果，以此引起用户的注意，并且勾起他们点击的欲望。这样的处理方式也可以在元素不占据界面过大面积的情况下提高视觉层级，并且节省界面空间。如图 5-7 所示，一些 Banner 和"领红包"入口会加入动态效果，吸引用户注意。

图 5-7

　　一些信息太多的界面需要隐藏部分内容。在用户首次进入界面时，也可以通过动画提示用户该处有隐藏内容。最常见的就是，一些内容可以左右滑动时，进入界面默认会通过左右滚动一下的方式友好地告知用户。用户的视觉会跟随移动的元素，所以动效也可以给用户明确的视觉引导，让用户明确了解元素从哪里来、回到哪里去。当界面中某一个元素可以展开或收起时，使用动效明确告知用户，可以让用户的体验更立体。如图 5-8 所示，由于"周报"界面是一个重复点击率不高的界面，因此在首次进入后再返回前一页，入口的位置会由界面 Feed 流移动至导航条，节省界面空间，减少视觉阻碍，这里就需要一个动画效果：在用户进入周报详情页后又点击返回前一页时，周报的图标会由 Feed 流移动至导航条右侧。

图 5-8

　　动效完美地描述了界面的各个部分，并且阐明了它们之间是如何进行交互的。动效中每个元素都有其目的和定位。例如，一个按钮可以激活菜单，那么此菜单最好从按钮弹出，而不是从屏幕侧面滑出来，帮助用户理解这两个元素（按钮和菜单）是有联系的。所有动效都应该阐释元素之间是如何联系的，这种层次结构和元素的互动对于一个直观的界面来讲是非常重要的。如图 5-9 所示，当按钮被点击后出现菜单栏，在用户的眼里，菜单栏和按钮本质上是同样的元素，只是按钮在被点击之后变大了而已。

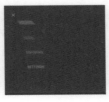

图 5-9

● 提升产品质感

　　没有添加有动效的产品，即使界面设计得很好看，也会给人一种死气沉沉的感觉，缺乏灵动细腻的气质。当然，这里并不是说每个产品都必须要通过动效去解决交互问题。动效在界面设计中更多的是起到锦上添花的作用。如果把产品比作美女，那么界面就是美女的颜值，交互动效就是美女的肢体语言。合理的动效能将更立体、更富有关联性的信息传递出去，提高产品的"表达能力"，增加亲和力和趣味性，也利于品牌的建立。

　　为什么动效可以让产品更具质感呢？用户操作后的反馈可以极大地影响用户体验，细腻且有创意的动画反馈相比生硬的反馈来说可以让产品的质感提升一个档次。有趣的动效可以起到画龙点睛的作用，但也可能导致画虎类犬。没有意义的动效只会让开发工作变得异常复杂。但一个非常独特的动效就可能很吸引用户，让 App 开发商的产品脱颖而出。这是设计师想要让用户爱上他们产品的一个"法宝"。独特的动效可以帮助产品开发商创立一个识别度高的品牌。如图 5-10 所示，"抖音"（左图）的双击屏幕点赞反馈与"美团外卖"（右图）下拉刷新的外卖小哥形象，都可以让产品的气质更独特，并且提升产品质感。

　　产品质感表现中，界面的转场处理也很重要。iOS 系统中界面之间的转场通常都是新页压旧页，并且会有界面进出的效果：进入界面时从右往左滑；返回时从左往右滑。弹窗如果出现在底部，会从下往上出现；如果居中出现，也会有从大到小的缩放效果。如此处理也就避免了转场的生硬，并且一些视差与懒加载动效设计，也可以让界面的交互变得更流畅，品质感更高。如图 5-11 所示，内容类产品基本都会使用懒加载交互方式，快速加载首屏信息，然后根据用户滑动的位置提前加载一个信息，不需要一次性加载全部内容，这样也可以让界面的交互更流畅，用户体验更好，进而实现增强产品质感的目的。

图 5-10　　　　　　　　　　　　　　　　　　　　　　　　图 5-11

　　此外，提升产品质感还有一个关键点在于动画细节的处理。好的产品应该尽量避免生硬的动画效果。如图 5-12 所示，Android 系统中常见的点击按钮后的"水波"反馈可以让用户的体验更佳。

图 5-12

图 5-13 所示的"UC 头条"中分段选项标签切换时并不是直接切换过去,而是根据界面滑动的距离短线与字体颜色逐渐变化,这种细节上的交互动效体验一定不能忽略。

图 5-13

● 降低沟通成本,打造核心竞争力

动效设计可以降低沟通成本,设计师通过制作高保真动效演示展示设计思路和创意,可以大大提高设计提案交接率,降低设计师与开发人员的沟通成本,提高动效的还原度,体现专业性。即使是简单的交互反馈,口述也是很难让开发人员明确了解设计师的设计思路的。而简单的交互动画可以通过 Principle 或 Flinto 直接还原真实的交互,让沟通更高效。

学习动效设计可以打造设计师的核心竞争力。如今,行业中初级用户体验设计师明显供大于求,并且随着产品设计流程逐渐实现体系化和模块化,设计师如果只会利用组件重复性地拼凑界面,而无更多的价值产出,被替代的可能性将会增大。在日常工作之余,若要为公司和团队输出更多的价值,动效设计能力便是用户体验设计师的必备技能与核心竞争力之一。当然,并不是说设计师掌握的技能越多就越好。在设计师学习动效设计之前,基本的视觉设计能力要扎实稳固才行。交互动效本身是产品设计中非常重要的一环,所以通过动效设计去实现差异化也是目前较为可取的方式。

5.2.2 动效设计的原则

动效设计的目的是解决问题、优化体验,而不是单纯地炫耀技法。在动效设计中,遵循以下 6 个原则可以让动效设计更为成熟和理性。

● 明确元素的属性

在进行动效设计时，需要给用户展示构成界面的元素是什么感觉的，如它是轻盈的还是笨重的。轻盈的动画效果更适合年轻化的产品。其中，直线运动轨迹与曲线运动轨迹也是有区别的：一般没有生命的机械物体的运动轨迹通常都是直线的，而有生命的物体拥有曲线运动轨迹。从另一个角度来看，直线运动更常规简洁。在用户体验设计中，直线运动轨迹的应用相对较多，曲线运动轨迹更具情感化和趣味性。如图 5-14 所示，"饿了么"App 中加入购物车之后的动画效果就是曲线运动轨迹。

图 5-14

● 不拖泥带水

动效设计的意义是帮助用户更好地解决问题，而不是炫技，因此及时反馈与直观利索的动画过程也是设计中需要遵循的重要原则。除了点击后需要及时反馈之外，转场动画的时间也是有参考值的，一般转场动画持续的时间是 350ms 左右。虽然更长的动画持续时间可以让视觉效果看起来更顺滑，但转场是一个非常常规的交互行为，如果每一次转场都增长动画时间，成本太高。手机屏幕越大，其动画持续时间会越长，因为元素移动的距离会更远。iPad 中建议的动画持续时间是 500ms，而 iWatch 中动画持续时间仅为 200ms 左右。在 iOS 系统中，默认的界面转场交互持续时间是 350ms，如图 5-15 所示。

350ms

图 5-15

● 符合自然物理逻辑

动效设计也要符合自然物理逻辑，这个很容易理解。例如，界面中一个小球坠落到界面底部时一般都会有回弹效果，而如果是吸到界面顶部再回弹就会显得不符合物理逻辑了。Android 5.0 系统中 Material Design 的魔法纸片风格就融入了自然界中的物理逻辑，界面中的每一个板块在逻辑上都赋予了纸片的属性。如图 5-16 所示，把每个界面当成一张纸片，切换界面时就像抽纸片一般。iOS 系统中的 Safari 浏览器也使用了这种动画效果，非常符合现实中的物理逻辑。

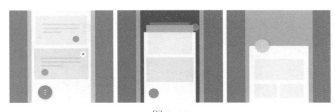

图 5-16

同时，自然界中的元素在运动时都会受到外力的影响。自然界中几乎不会有元素突然动起来，然后又忽然停下来，并且运动的过程中一直保持匀速。就像车子在起步的时候都会有一个缓慢起步的过程，刹车也会因为惯性缓慢地停下来。动效设计中这一点同样也需要注意，突然开始且突然结束的匀速运动会让动效看起来很生硬，而使用曲线运动规则给动效加以缓动的效果会让元素的移动变得更加自然。

当然，缓动的快慢同样有规律可依。第 1 种是标准的缓入缓出曲线，也就是动效开始时慢，然后逐渐加速，最后动作变缓。这种曲线适用于界面中元素的动作开始与结束时出现在界面内的情况，并且一般加速比减速更快些。第 2 种是缓出曲线。这种曲线是很快地开始，然后减速，一般应用在一个元素从屏幕外移动到屏幕内时。就像我们看电影时，屏幕中一辆飞驰的车辆从很远的地方进入视野，减速后停下。缓慢加速的时候在视野外我们感知不到，这辆飞驰的汽车指的就是界面中移动的元素。第 3 种是缓入曲线。这种曲线是开始时慢，然后加速。这个可以想象成一辆汽车开始慢慢加速，然后以极快的速度飞驰出视线。在做界面动效时，这种曲线适用于元素在界面内移动到界面外的情况。图 5-17 所示为 3 种不同曲线的缓动效果。

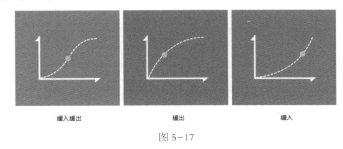

缓入缓出   缓出   缓入

图 5-17

除了时间上的调整，界面中元素物理空间的前后关系同样需要注意。例如，在相同高度下，一个元素的展开需要推开另一个元素或板块；当再收起的时候，周围的元素会被拉回从前的位置。如图 5-18 所示，一个选择银行卡支付的界面，点击对应支付方式后会展开银行卡，展开的过程会推开其他元素，视觉上更符合物理逻辑。

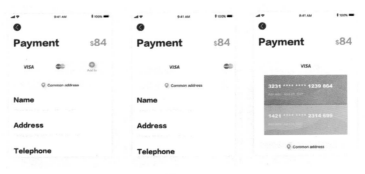

图 5-18

当然，这种动效实现成本较高。如果开发资源有限的话，也可以不必完全遵循这种物理逻辑。还有一个基本的原则就是，相同层级的元素之间不可互相穿越，并且不可以让相同层级的元素直接展开，然后直接铺在其他元素上。避免这种情况最简单的方法就是，当一个元素展开时其他元素直接隐藏。

当元素的空间物理逻辑不在同一高度时，就不应该再推开周围的元素了，一般会通过给上层元素投影或给底层元素加半透明遮罩，再或者调整低层级元素透明度的方式来处理。这里需要注意一点：物理世界中元素的层级越高，投影会越大、越模糊、越浅；投影的元素的层级越低，投影会越小、越清晰、越深；若没有投影，元素则是直接贴在底层。如图 5-19 所示，以一张纸片为例，投影的变化明显可以带来物理空间层次上的变化。

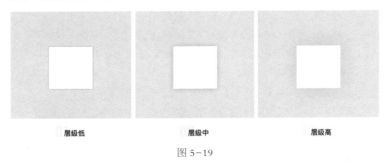

图 5-19

● 给予用户预期

预期原则指的是一些有交互动画的元素要在视觉上给用户最基本的预期，即"这些元素是可以动的，可以进行交互"。例如，一些可以左右滑动的元素一般会显示出半个或加箭头指引，让用户知道后面隐藏有更多的内容。如图 5-20 所示，"微信读书"首屏（左图）会显示一个卡片，第 2 个卡片会显示一小部分，给予用户可交互的预期；"贝壳找房"（右图）采用的是同样的方式。

图 5-20

● 巧用时间差

　　App 界面中的元素并不是同时开始、同时消失的。动效的流畅度与时间差有非常大的关系。一般一个元素马上就要消失但还没有消失的时候，另一个元素就开始出现了，并不需要等一个元素完全消失，也不需要所有的元素一起动。有秩序又不间断的动作可以让用户视觉上的逻辑清晰又流畅。如图 5-21 所示，整个界面的商品加载出来时并不是同时出现，利用时间差可以让动效更有节奏感。

图 5-21

　　除了元素的衔接顺序以外，动作幅度的大小同样需要注意。动作幅度越大，在视觉上的层级会越高。不过一般来说，动效的幅度不宜过大，动作过大会降低产品的质感，让界面的交互效果过于花哨，反而会影响用户体验。例如，界面中的很多字体或按钮都会有缩放效果。这种缩放效果一般不会是由 0 到 1 的缩放，而以 0.7 到 1 缩放的情况居多。这样既实现了视觉上的缩放效果，又不会太过突兀。

提示

　　在动效设计中，最常用且最柔和的效果是透明度变化，之后依次是缩放、位置移动和3D翻转。在具体设计时，我们需要根据元素的重要程度选择不同的动画效果。其中主要元素可以多效果并用，以从视觉上吸引用户，而次要元素应避免不必要的变化。这其实与视觉设计有相通之处，主次分明，避免过多的动作出现而喧宾夺主。

● 用共享元素引导视觉

在转场动效中，我们可以通过界面间共同的元素连接起两个界面，从而给用户明确的视觉引导。两个界面之间共同的元素我们可以称之为"共享元素"。当界面 A 切换到界面 B 时共享元素不变，通过其他元素的变化让转场衔接更柔和并更具关联性，让用户明确感知到这两个界面间没有变化的元素是同一个元素。当然，共享元素一般作为主体，并且界面间的共享元素不宜过多，一般 1 个或 2 个就可以了，太多反而会让界面转场时画面混乱，无法让用户感知到明确的视觉引导。如图 5-22 所示，iOS 系统中 Apple Store 的交互就使用了共同的封面元素，让交互看起来更流畅。

图 5-22

5.2.3 微交互设计

一个产品的成功往往体现在两点，即功能和细节设计。功能吸引用户使用你的产品，细节设计将你的用户留下。一个好的细节设计能够使你的产品在众多竞品中脱颖而出，同时一个好的微交互设计往往能够让用户在初次使用产品时就留下深刻的印象。作为一名用户体验设计师，在设计微交互方案时不仅要考虑视觉上的冲击力，还要想办法赋予其信息传递的功能。

● 微交互的概念

微交互指一些非常细节的交互反馈行为，其通常关注于单个事件或单个任务。这些交互反馈行为遍布于 App 的各个角落。微交互存在的目的是让用户感觉顺畅、愉悦。设计师通过增加细节交互来让用户有意想不到的便捷与舒适感，拉近用户与产品之间的距离，并且赋予产品温度。

　　绝大多数微交互都是微小且不引人注意的，但是它的存在却能提供更加流畅自然的用户体验。这里所谓的微交互通常服务于以下4个基本功能：向用户传递一个动作的反馈或者结果；完成一个独立的任务；增强操作的感觉；帮助用户使操作结果可视化并防止误操作。图5-23所示为微交互过程中需要进行的4个环节。

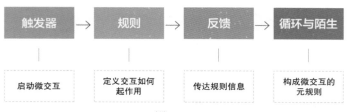

图 5-23

　　上面所讲到的动效设计原则中有部分已经可以归于微交互的范畴，但是微交互与界面转场动画有着很大的区别。因为微交互相比一些大的交互效果来说往往没有那么华丽。富有创意的交互细节可以给用户带来惊喜。一些较为成熟的产品之间，除了功能上的差异，创新的微交互设计也是形成差异的重要因素。当我们将一些内容类产品下滑很久时，如果还想下拉刷新，就需要先滑回到界面顶部再进行下拉刷新的操作。当然，很多App延续了Wed端常用的"回到顶部"按钮，但仍然需要点击"置顶"按钮再进行下拉刷新的操作，并且悬浮的"置顶"按钮在寸土寸金的移动端是非常不友好的，所以就衍生了一种微交互。如图5-24所示，当首页的Feed流下滑到一定高度时，底部标签栏的"最右"标签就变成了"刷新"标签。当需要刷新内容时，只需再次点击标签栏处的"刷新"就可以了。只需一个微交互的设计就解决了需要两步操作与元素遮挡的问题，这就是微交互的价值所在。

图 5-24

前面这种微交互的方法是重复利用按钮。类似的微交互还有很多，我们可以尝试把按钮"一物多用"，既可以将其作为一个按钮控件，又可以转变成提供可视化交互反馈的状态提示框。其核心思路就是尽量重复利用用户已经互动过的、熟悉的操作点，让操作前和操作后的状态连续起来。如图 5-25 所示，当用户点击右上角的筛选按钮后，当前按钮会分成两个按钮：一个是关闭按钮，一个是确定按钮。因为筛选按钮点击后就不需要一直存在了，用户接下来的操作就是进行筛选或返回，所以这种重复利用按钮的微交互既能让操作前和操作后的状态连续起来，又能节省界面空间。

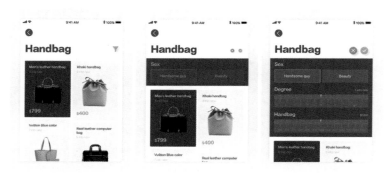

图 5-25

● 让交互效率最大化

微交互设计可以让产品更契合用户的每一步操作。很多时候，界面功能过于复杂，我们想让用户知道这些功能的存在却又不想让用户被这些功能阻碍。这时，我们可以让界面中的元素随着用户操作手势及交互行为发生变化。最常见的是首屏信息较为完整，当用户向上滑动时，界面布局会发生变化。每一个淘宝用户都有自己关注的账号、感兴趣的领域，通过订阅的方式可以获取信息和服务，并且运营者、粉丝之间能够围绕账号产生互动。如图 5-26 所示，"微淘"的首页就是关注用户的最新动态，所以搜索功能及查看全部关注的用户功能并不常用。当用户向上滑动时，搜索及查看全部关注用户功能会隐藏起来，节省出更多的界面空间给 Feed 流信息；当下滑时隐藏的功能会再次出现，随用户的操作行为而变可以让交互效率最大化。

图 5-26

● 灵活强化功能层级

类似这种让界面中的元素随着用户操作手势及交互行为发生变化的微交互可以应用在很多场景中。例如，当我们希望让一个元素引起用户的注意，又不希望让用户感到厌烦时，也可以使用这种微交互方式。如图 5-27 所示，这个界面希望用户做出点评，所以界面的点评以浮层的方式显示，让用户对点评功能产生较深刻的印象。当上滑时这个浮层会产生一个动画效果，收到界面右下角。当用户想点评时，点击右下角的⊕就可以了，既能强化功能的层级，又不会让用户反感。

图 5-27

● 照顾边缘场景

边缘场景就是一些只有极限情况下才会出现的场景形式。虽然它们出现的概率较低，但是这种场景是最容易让用户犯错的。这种场景如果做不好，是非常影响用户体验的。

如图 5-28 所示，左图是 iOS 系统内置的"备忘录"工具，当用户想选择文本时，由于字体太小，很容易选错行，这时贴心的微交互便派上用场了，当用户长按选择文本时，会自动出现放大镜的效果，方便用户去选择；右图是"微信"界面，在聊天时我们经常会接收到语音消息，当用户不经意把音量调到最小时，再去播放语音，可能会误以为对方没有说话，这时可以通过微交互照顾这种边缘的场景——静音状态下播放语音时给予弹层上的提示"请调大音量后播放"。这样可以让用户感觉产品很贴心，也会通过这些细节上的体验与竞品产生差异。

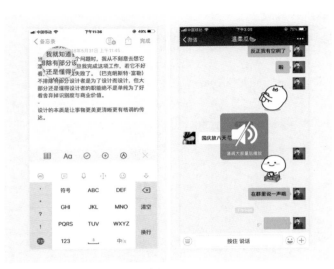

图 5-28

● 用幽默拉近与用户的距离

微交互可以鼓励用户、吸引用户与产品交互，甚至可以在用户体验中产生同理心。但是需要谨慎使用微交互，保证其在感官上不会让用户感到厌烦。如图 5-29 所示，"bilibili"用户登录界面的这个微交互就巧妙地用幽默拉近了与用户的距离：两个卡通形象在用户输入密码时会捂上眼睛，让用户感到有趣的同时更有安全感。当然，这种微交互不会高频率地使用，否则可能会引起用户反感。

图 5-29

第 6 章

交互体验进阶

交互体验的设计与优化可以分为 3 个阶段，即可用性阶段、易用性阶段及好用性阶段。通俗地讲，可用性阶段需要让用户在使用过程中不出错并流畅地解决需求问题；易用性阶段需要让产品的体验更高效、智能；好用性阶段在高效解决用户需求的同时，还要给用户制造"惊喜"。本章将以这三大阶段为出发点，讲解每个阶段用户体验设计师需要注意的问题和需要掌握的一些设计方法。

6.1 交互体验的可用性

在用户界面设计中，可用性阶段需要验证的问题是设计是否合理、设计方向是否正确。任何可以与人发生交互的产品都应该是可用的。在特定的场景中，不同的产品需要有效地满足不同用户的需求。例如，"滴滴打车"需要有效解决目标用户出行不方便的问题，"淘宝"需要满足目标用户足不出户就可以挑选到心仪商品的需求。一个租房类产品最基本地是要做到让用户打开产品后无障碍地快速找到合适的房源并完成租房操作。看似一个很简单的交互设计，其实有很多要求在里面，而可用性是交互设计中一个最基本的要求。

6.1.1 为用户决策提供充足的信息

视觉可以引导用户去交互，身为用户体验设计师需要在用户进行交互行为之前让用户了解到每一步交互将会有什么样的反馈。下面两点是需要严格遵循的设计原则。

- **话术与按钮表意清晰**

在 App 界面设计中，产品做到操作前可预知是一个最基础的要求。在进行某一步操作前，需要让用户可预知进行此操作后会发生什么情况，或者让用户知道有什么需要注意的地方。然而，这个基础的要求很容易被忽略。当然，有些时候这样也是产品策略所需。例如，我们在下载某款软件的时候会将一些恶意捆绑的软件一并下载安装，或者下载一个软件时界面中有很多个"立即下载"的按钮，用户搞不清到底应该点击哪个，这就是没有给用户的决策提供充足的信息，用户体验也会不佳。

交互体验最基础的原则是要做到产品内话术与按钮表意清晰。例如，很多时候图标会让用户决策出现困难，就像用户看到"五角星"元素时知道那是"收藏"功能，看到"心"元素时知道那是"喜欢"或"点赞"功能。然而像类似"举报"这种敏感性操作功能，如果再使用图标的形式来表达，就会让用户很难预知，所以除了降低话术的理解门槛之外，使用图标时也应该多一些思考。如图 6-1 所示，"轻芒"杂志信息卡片右下角的圆形图标很难让用户预知用途，这其实是收藏的功能按钮。当然，"轻芒"杂志的目标用户较为年轻，所以用户对于产品的学习能力较强。不过我们在做产品时，应尽量做到让用户操作前可预知，以提升用户体验。

图 6-1

● 敏感操作二次确认

当然，除了操作前的可预知设计，敏感类操作后的二次确认设计也是非常有必要的。例如，针对修改用户名信息这个操作，一些产品一个月只能修改一次，那么，在用户操作前就要给出"用户名一个月只能修改一次，提交后不可撤销，您确定要修改吗？"这样的提示。或者类似"删除"一类的操作，如果操作不可逆，需要告诉用户操作的后果，如果可以恢复的话需要告知用户删除后可以通过什么方式恢复。这种提示会让用户做决策时可以有充足的信息参考。如图 6-2 所示，"微博"（左图）用户在修改昵称时系统会明确地告知，普通用户一年仅可修改一次昵称；"淘宝"（右图）在删除订单信息时，系统会提示删除后如何恢复，让用户操作前对于一些敏感的问题有足够的了解。

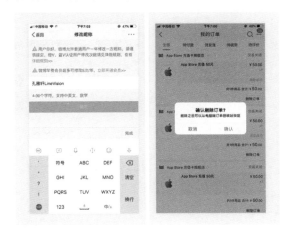

图 6-2

6.1.2 操作均给予明确的反馈

用户对自己的操作完成与否，从心理预期上是需要有个明确且及时的反馈的。如果任何一个操作都没有反馈，那么用户就会认为这个产品是有问题的。点击按钮后的"水波"反馈是最基础的反馈，如果没有按钮的反馈，用户不会知道问题出在哪里——是由于自己手机卡顿，还是没有按到正确的位置，又或者是产品的接口数据返回存在问题。如果每一次按钮点击行为都有对应的反馈，就可以让用户快速排除前两种情况。

● **避免逻辑没有闭环**

　　一切界面都需要有兜底的状态，也就是边缘性情况出现时避免逻辑没有闭环的情况。如图 6-3 所示，在网络状态不佳时，"汽车之家"产品界面（左图）中会出现加载的 Loading 状态与 Toast 提示弹窗，Loading 状态负责告知用户当前界面还在加载中，而 Toast 提示弹窗则负责告知用户当前加载较慢是因为网络不佳，而不是产品后端接口的问题；在"微信"（右图）中，当我们给非好友用户发送信息时，对方是接收不到消息的，这时同样需要非常明确的反馈，因为让用户等待一个已经将其列入黑名单的人回复消息是非常不人性化的。

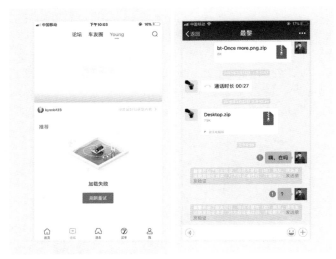

图 6-3

● **操作反馈与处理反馈**

　　在用户进行一些比较重要或敏感性的操作时，系统不仅需要提供操作后的反馈，而且提供处理之后的反馈也同样重要。举一个生活中的例子，当我们投递简历后，除了希望看到投递成功的反馈，还希望收到这份简历到底符不符合公司要求的反馈，面试后也是一样。即使给了不理想的反馈，也总比焦急地等待要踏实一些。这一点在产品的用户反馈方面较为重要。例如，针对投诉操作，用户之所以发起投诉，是因为之前有一个不好的体验。如果进行这个操作之后，除了投诉成功的提示之外没有任何处理之后的反馈，那么对于用户来说就是一个非常差劲的体验。在我们玩"王者荣耀"这种团队型游戏时，如果遇到玩家有言语辱骂行为，游戏体验就会非常差。这时候如果投诉后没有反馈，很容易让玩家失去耐心和兴趣。所以，一般投诉后官网会回复一封邮件，让用户了解自己的投诉是被关注的，如图 6-4 所示。

图 6-4

● 根据情景选择合适的反馈形式

在界面设计中，设计师需要根据信息的重要程度与当前界面的状态给予用户合适的反馈形式。一般来说，对于一些提交表单信息等非重要的操作，系统一般会在输入框内直接给予提示；而对于一些较重要的信息，系统一般会给予明确的反馈，并且需要用户手动关闭。如图 6-5 所示，当用户在界面中填写的表单信息出错（左图）时，当前填写的错误信息会变为红色，以此来给予用户视觉上的反馈；而针对一些转账等比较重要的反馈（右图），系统会显示提示框，并需要用户手动进行关闭。

图 6-5

用过"钉钉"（或 Lark）和"微信"的朋友可能会有疑问："为什么同样都是聊天工具，'钉钉'发送信息后会看到对方是否已读，而'微信'则看不到呢？"其实有时候用户之间的反馈与人机反馈是有区别的，用户之间的反馈会涉及两个用户的感受，发送信息的用户希望获得自己的信息有没有被看到的反馈。相比焦虑地等待来说，给予明确的反馈（无论是好的，还是坏的）都会使体验更为直观清晰。然而，如果我们从接收消息用户的角度来思考，太过明确的反馈会给接收消息的用户很大的压力。有的时候很多消息不想回复，却也不想驳对方的面子，如果一切已读的消息都有反馈的话就显得太被动了。因此，"微信"没有已读未读的反馈是想让聊天更有"人情味"一些，给用户更多隐私与自主选择的权利。而"钉钉"这类产品首先要明白它的切入点。"钉钉"是以统一通信为基础的沟通和协同平台，它的出现是为了让团队在工作时做到高效沟通。"钉钉"的消息具有已读未读功能，很多用习惯微信的朋友会觉得有些不够人性化，但在企业团队沟通中确实需要。每个管理者都希望自己的指示能直达下属，甚至希望员工们立刻执行。在"钉钉"产品中，每条发出去的消息都有回执，如果有未读消息的员工，领导还能通过电话、短信等方式把信息发送出去，不用再担心对方因为太忙没看到或者故意不回复，发的消息也能及时得到反馈。

"微信"与"钉钉"，一个代表着生活，一个代表着工作，各有各的优势，所以有时候反馈也需要克制，应仔细思考每一个反馈给不同用户的感受。如图 6-6 所示，"Lark"这种团队工作沟通类的产品，"已读"会有绿色的钩状标记，"未读"则是灰色的钩状标记，这样明确的反馈可以提高团队的工作效率。

图 6-6

6.1.3 容错原则

容错性是产品对错误操作的承载性能，即一个产品操作时出现错误的概率和错误出现后得到解决的概率和效率。容错性最初应用于计算机领域，它的存在能保证系统在故障存在的情况下不失效，仍然正常工作。产品容错性设计能使产品与人的交流或人与人借助产品的交流更加流畅。

在进行容错性设计时，我们需要注意以下 4 个问题。

- **提供详尽的说明文字和指导方向**

当用户进行错误的操作时，想看到的并不是一个大大的错号，而是操作具体错在哪里，接下来该如何去做。这时，设计师应该明确地告诉用户当前如何操作可以避免再次犯错。其中让笔者记忆犹新的就是，之前 Windows XP 系统经常会出现莫名其妙的弹窗，告诉笔者系统出现了错误，有时候系统错误提示还是一堆看不懂的代码符号，甚至有时候弹窗还关不掉，这种体验是非常不友好的。如今的产品都非常看重"容错性"这一点。如图 6-7 所示，当用户在"淘宝"

界面（左图）中搜索内容时，如果输入了错误的文字，系统会智能地猜测用户真正想搜索的内容，并给予显示与提示；"百度搜索"界面（右图）设计也是同理。

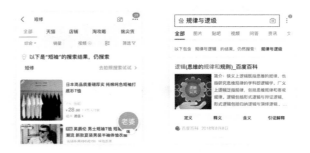

图 6-7

● 限制用户错误的选择项

容错最好的方式就是把用户可能犯错的地方提前想到，并限制错误的选项。也就是说将一些绝对错误的操作变得不可选择，同时针对一些高频率犯错的操作，提高操作难度。其实这种方式在早期的 PC 端就已经采用了，只不过没有如今的产品想得那么周全而已。早在 Windows XP 时代，系统盘中一些比较重要的文件会默认隐藏，因为这种文件用户一般没有必要去做修改或其他操作，直接隐藏可以避免用户误操作。

作为设计师来说，设计产品时就要尽量主观地把那些错误的操作避免。例如，在买车票选择日期时，昨天或更早的日期直接不显示。或者在输入表单信息时，若文字长度不够或过长，会出现无法进行下一步的提示按钮。如图 6-8 所示，"微信"在限制用户误操作方面就做得比较好：用户在发送语音消息时，如果录音时间过短，会出现不可发送的 Toast 弹窗提示（左图）；用户在发布朋友圈消息时，如果没有输入信息，则右上角的"发表"按钮不可点击（右图）。

图 6-8

当然，对于一些容易犯错的操作，可以适当增加操作难度。如图 6-9 所示，"微信"中当用户点击视频通话时并不是直接呼叫用户，而是需要二次选择仅语音通话还是视频通话（左图）。因为视频通话或者语音通话本就是一个很常用的功能，所以放在交互层级。但是如果点击之后直接呼叫，这个误操作的影响会比较严重，所以放在高层级。不过加以二次确认的方法就比较友好了。类似"退出登录"（右图）这种低频率又容易犯错的操作可以把层级埋得深一些，再加以二次确认，在防止用户误操作的同时，也可以节省界面空间。

图 6-9

- **恢复现场的能力**

讲到"恢复现场的能力"，或许很多读者都会有共鸣。在使用设计软件时，当我们打开的文件过多、文件过大或超出系统承受能力时，经常会出现卡死或者闪退的情况。当发生这种情况时，用户是很容易产生负面情绪的。而从移动端的角度来讲，有时候用户在浏览很长的文章或很多的信息列表时，经常会不小心点击到另一个推荐的界面。如果返回的话，很多 App 是直接返回到上一个界面的原始状态，但此时用户更多的是想回到刚才阅读到的位置。例如，我们在阅读"微信"公众号的文章时，返回到信息界面，再回到文章页，是记录了刚才阅读的位置，而不是从头开始。这种体验可以大大增强用户对产品的好感。当然，类似的例子还有很多。如图 6-10 所示，在使用"美团外卖"（左图）订外卖时，我们经常会点到一半想再去看看别家，系统会记录在这家餐厅所选的商品，再次进入就不需要重复选餐了；在使用"字里行间"（右图）时，用户经常需要码很长的字，如果这个时候误点击了返回按钮或手机自动关机，就需要帮助用户去恢复现场，这也是产品可用性的一种体现。

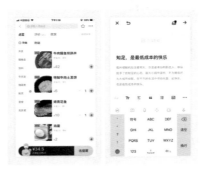

图 6-10

● **协助用户记忆**

　　"协助用户记忆"很容易理解。如图 6-11 所示，用户使用"淘宝"（左图）购买物品并准备付款时，一定不希望自己再回忆一遍刚才买了些什么，这时候系统可以在付款页把刚才所选的东西罗列出来并让用户确认一遍；"饿了么"（右图）界面设计也是同理。

图 6-11

　　当然，除了上面的情况之外，记录用户的操作习惯与操作历史同样可以协助用户记忆。在产品交互设计中，系统可以帮助用户记录一些较为固定的交互行为。如今手机对用户的隐私维护得都比较好，所以当用户退出登录后系统能够帮助用户记录密码。这对用户而言是一种非常好的体验。当然，如果用户长期不用输入密码，也比较容易忘记，那么不仅要协助用户记忆，还要做好 Plan B（备选方案）的容错处理。如图 6-12 所示，"QQ"可以通过手机号快速找回密码（左图）；当用户在"京东商城"购买商品后，一般会记忆上次的收货地址或者使用默认收货地址，不需要用户每次都去重新设定一次（右图）。这种方式也可以极大地降低用户犯错概率。

图 6-12

6.1.4 交互方式的一致性

　　一致性容易让用户在使用产品的过程中养成一些固有的习惯，减轻用户的认知负担。交互方式的一致性表现为以下两个方面。

● 产品内交互方式的一致性

　　一般来说，人对有一定规律的东西记忆更加深刻。一个界面的各个位置的交互保持一致，并且按照重要性或按照相同的层级对交互进行分类，可以方便用户记忆。例如，返回按钮一般都出现在界面的左上角，也是为了保持产品交互的一致性。在一个产品内，如果想把返回按钮都放在界面的左下角，那么产品内所有的返回按钮要在左下角，否则会让用户的交互效率下降，导致体验感不佳。

　　当然，这种一致性是指同属性之间要保持一致。如果表意不同，只需使表意的交互行为保持一致即可。这一点在界面间的跳转及弹层设计中需要格外注意。弹层的出现方式及交互方式同样需要内部统一。以"知乎"为例，一般新界面的跳转是由右往左滑入，而弹层一般是由下往上滑入，并且弹层的左上角应该是"取消"按钮或"确定"按钮，而新界面的左上角应该是返回按钮，如图 6-13 所示。

图 6-13

　　说起元素的位置，确定按钮与取消按钮到底哪个在左哪个在右是一个非常值得思考的问题。在深入思考之前，我们应该清楚地知道，无论确定按钮在左还是在右，产品内部肯定都是要统一的。例如，Windows 系统的关闭按钮与最小化按钮统一在软件的右上角，而 Mac 系统则统一在左上角。其实对于已经习惯一个系统的用户来说，按钮在左还是在右本没有对错，但至少要保证产品内部的统一。

　　如图 6-14 所示，拿移动端产品"网易云音乐"来说，iOS 系统中的"取消"和"确定"两个按钮相对整个弹窗左右居中（左图），而 Android 系统的弹窗两个按钮都居右显示（右图），这是不同操作系统内的统一性。由于用户在使用手机时更多用右手操作，右边的按钮相对来说更容易操作一些，所以无论什么操作系统，"确定"按钮一般都放在右侧。

图 6-14

　　类似的还有输入表单的界面，如图 6-15 所示。表单输入有很多种方式：第 1 种是即使表单没有输入完成，确定按钮也一直为可点击状态，只不过会有错误的 Toast 弹窗提示；第 2 种是表单没有全部输入完成时按钮是置灰状态，只有全部输入完成才可以点击；第 3 种是在表单没有填写完成时按钮是不存在的，只有填写完了按钮才会显示；第 4 种是不需要确定按钮、即时生效的表单，这种方式适用于修改个人资料这种非敏感性的表单填写。当然，第 4 种适用的范围较窄，不适用于大范围的统一。对于一些重要程度不同且较特殊的界面，可以使用不同的交互方式。但是前 3 种交互方式我们完全可以挑一种使用，并见于产品表单填写的各个角落。不然用户在填写表单时，如果第 1 个界面按钮随时可点，并带有 Toast 弹窗，第 2 个按钮反而一直置灰，会让用户误以为按钮置灰代表着当前页表单不可编辑。

图 6-15

● **符合用户的使用习惯**

　　从用户心理上来讲，大多数用户非常反感自己在其他主流产品中所学到的交互方式在某个产品中做了大量的更改。因此，在做产品设计时，作为设计师要多去思考产品本身所能产生的价值，而尽量少地去更改交互习惯。即使是用户体量如此之大、使用频率如此之高的"微信"，在这方面也吃过不少苦头。对于"微信"这种即时通信类的产品而言，在聊天界面中下拉刷新意义不大，没有人给你发送消息，即使刷新多少次也收不到消息；如果有人给你发消息，即使不刷新也可以即时收到消息。基于此，"微信"曾尝试把下拉刷新更改为下拉拍摄小视频。不过用户已经养成了下拉刷新这种交互习惯，导致用户容易误操作。后来迫于压力，"微信"不得不把这个操作删除，以至于很长一段时间下拉这个交互是没有任何反馈的。当然，现在"微信"的下拉改成了显示最近使用的小程序列表，没有之前那么强的功能性了，因此即使是用户出现误操作也不会产生太大的影响。

如今，针对很多为了推广一些活动来提升产品数据的产品，"下拉刷新"这个交互行为也没少"立功"。如图 6-16 所示，用户在"淘宝"界面（左图）中下拉刷新时，可进入"二层"；用户在"QQ"（右图）中下拉刷新时，可显示好友的微视小视频。这种交互即便违反了用户的使用习惯，作为设计师也要不断地权衡用户需求与产品需求之间的关系。

图 6-16

有的时候，我们为了满足产品需求，不得不去修改用户的一些交互习惯，这种操作一般是被允许的。但如果抛开这个因素，我们只是纯粹希望通过改变交互与同类产品拉开差距，这样的做法则是非常冒险的。在做产品体验设计时，要尽量把一些敏感的操作做得与竞品常规的操作相同。如图 6-17 所示，用户在"QQ 音乐"（左图）中进行左滑操作后是查看歌词，这算是一种比较常规的操作；用户在"网易云音乐"（右图）中进行左滑操作后是切换歌曲。切换歌曲对于音乐类产品来说是一个比较敏感的操作。对于一些已经习惯了"QQ 音乐"界面操作的用户来说，在打开"网易云音乐"时一般会以查看歌词的心理预期进行左滑操作。这时候"网易云音乐"会因为产品间交互上的差异而出现了切换歌曲的交互效果，这种体验对于用户来说是非常差的。因此，在同类产品的界面设计中，设计师要尽量在一些敏感性的操作上尽量保持与竞品交互逻辑的一致性。

图 6-17

6.1.5 让用户知道当前所处的位置

前面讲完了操作前可预知、操作中有反馈。这一部分讲如何让用户操作后可以顺利地返回。在产品设计中，如果没有参照物让用户时刻去了解当前所处的位置和这个位置在整个交互流程当中的位置，那么用户很容易在复杂的交互逻辑中迷失。通过提高产品状态的可视化程度，可以提高用户对自己使用系统过程情况的认知度，并提升产品的可用性。

● 多流程交互给予明确的位置信息

在一些比较复杂的多流程交互界面当中，要让用户了解当前是第几步、还剩余几步，否则用户很容易在复杂的流程中迷失方向。这和在日常生活中我们办理业务的流程是一样的。如果一个业务我们不知道需要多少流程才能办完，每次办完这个流程才知道下一个流程是什么，这样效率就会非常低，用户体验较差。这类情况在业务类产品填写表单时较为常见，如图 6-18 所示。在金融类产品申请提现时的流程界面（左图）中，系统会直观地告知用户当前所在的流程位置及还需要几步完成，每一步需要做什么。这样就可以让用户有心理预期，逻辑也更清晰。身份认证的流程界面（右图）也是如此。如果用户不知道当前有多少步流程，在进行到第 2 步时以为已经操作完了，结果界面却显示还需要继续填一些信息，这时候用户可能会产生厌烦心理。

图 6-18

● 区分"返回"与"完成"

"返回"的意义是返回上一页，也就是撤销当前页的操作。而"完成"的意义是保存当前页操作的同时，返回到上一页或者主页。"返回"大多出现在准备完成任务的界面中。例如，在用户用 App 订酒店时，在没有进行决定性交互操作的情况下，操作流程一般都是可以返回的。而当用户在选择完酒店并完成付款的情况下，出现的通常是"完成"界面，而不是"返回"界面。"返回"界面会让用户意识到当前流程还没有走完。在用户提交订单并完成付款之后，如果还出现"返回"按钮，会让用户以为还可以返回到付款界面并再付一次款，这种交互会让用户感觉没有闭环。

如图 6-19 所示,在用户使用"支付宝"给他人转账后,界面右上方会出现一个"完成"按钮。点击该按钮后,界面会跳转到与收款人的聊天界面中,如此方便用户再次确认操作流程已完成且转账成功了。

图 6-19

6.2 交互体验的易用性

在用户界面设计中,易用性阶段需要验证的问题是信息架构是否合理,交互流程是否清晰,用户完成某项任务过程中是否有卡顿,在设计界面之间的跳转逻辑时是否遵循"情境大于逻辑"原则。通常来讲,一个产品的交互做到"可用"仅是一个开始,交互体验易用性阶段要解决的问题是如何让产品在保证交互逻辑清晰、流畅的基础上提高交互效率、降低产品门槛等。针对易用性,一些专业人士提到要"以用户为中心进行设计",是因为易用性取决于把用户的需求作为设计过程的中心。以用户为中心进行设计必然会涉及更多的东西,不只是符合一套按钮、菜单在界面上如何摆放的规则。在实际的产品设计中,设计人员通常需要在易用性上做权衡,但这个权衡并不容易。

下面针对产品的易用性设计需要注意的关键点进行分析。

6.2.1 减少用户的操作步骤

在交互设计中,减少用户的操作步骤可以从以下 3 个方面进行。

- **把复杂的流程打散**

把复杂的流程打散,可以让用户感觉产品的使用没有那么烦琐。做产品不像做影视,需要讲究承前启后、抑扬顿挫。产品交互的每一步都要求是有用且有必要的,因为每多一个交互步骤，都有可能增加用户的操作难度，从而降低留存率。例如，从前的产品注册往往需要用户填写各种个人信息后才能注册成功，让人感觉非常烦琐。而如今的大部分产品只需手机验证即可一键登录。为什么会出现这样的差别呢？这并不是说原本需要填写的内容就不需要了，而是在产品设计中，这种复杂的流程被打散而已。

如图 6-20 所示，"皮皮虾"这种内容类产品以内容为主，之前注册这类产品时都需要设置昵称、头像和个性签名等，然而这种不影响功能的非必要流程都可以在注册完之后修改，所以现在如左图中登录"皮皮虾"只需一个手机号就可以了；右图为登录后的界面，产品内会有系统内置的默认卡通头像，如果想自定义头像或者昵称可以手动编辑。

图 6-20

当然，类似"陌陌"与"探探"这种目的在于与陌生人交流的社交类产品，头像就属于必要功能了。这种产品一般会在注册时就让用户选择头像，不然会直接影响接下来的社交行为。

● 并不是每一个弹窗都需要"确定"

在交互过程中，大多数弹窗对于用户来说都是不受欢迎的。因为弹窗强制性地中断了用户的交互流程，并且在 PC 时代，弹窗多半代表着系统出了问题或者出现强制性的广告，用户对于这种信息呈现的形式已经比较抵触，所以在设计时尽量避免出现不必要的弹窗。移动端的弹窗可以分为以下 4 种形式。

（1）Toast 提示框

Toast 提示框是一种非模态弹窗，通常是为了提醒或进行消息反馈，也用来显示操作结果或应用状态的改变。例如，当你发出一条短信，App 会弹出一个 Toast 提示框提示你消息已发出。Toast 提示框内最常见的是一句简短的描述性文字。这种样式的弹窗可以出现在界面的任何位置，可设置在界面顶部、中部或底部（但一般都出现在界面的中轴线上），具体的显示位置根据界面的整体设计来确定。还有一种 Toast 提示框，其内容由简单的图形和简短的文字组成，显示位置一般在界面正中央，如图 6-21 所示。

图 6-21

此外，还有一种既引人注目又可以和 App 的界面协调融合的 Toast 提示框设计。其最大的特点是交互方式不同，一般在内容页顶部向下推动时出现，向上推动时消失。如图6-22所示，"汽车之家"（左图）与"悟空问答"（右图）均采用了这种形式的 Toast 提示框进行刷新功能的操作提醒。

图 6-22

提示

考虑到 Toast 提示框显示的时间较短（几秒钟）、占用面积不大，容易被用户忽略，Toast 提示框不适合承载过多的信息。

（2）Dialog 对话框

Dialog 对话框是一种模态弹窗，如图 6-23 所示。当用户进行敏感操作，或者当 App 内部发生了较为严重的状态改变时，这种操作和改变会带来影响性比较大的行为结果。在该结果发生前，系统会以 Dialog 对话框的形式告知用户且让用户进行功能选择，如退出 App、进行付费下载等功能操作。一般情况下，Dialog 对话框由标题、信息内容和功能按钮组成，只有当用户点击了某个功能按钮后，弹窗才会消失，App 随即执行该功能操作，并且进入相应的功能流程。

Dialog 对话框的标题和信息内容的文字描述都要尽可能设计得简洁和无歧义，也可以选择省略标题，只保留内容描述和功能按钮。使用 Dialog 对话框，功能按钮最好不要超过两个，并且通常含有"是"或"非"两种功能选择，或者被设计成只有一个"确认"按钮，目的是让用户阅读内容后点击关闭弹窗。这种样式的 Dialog 对话框的信息内容必须非常有必要，以至于需要打断用户的操作，进行信息内容阅读确认，否则可以使用 Toast 提示框进行非模态弹窗提示。

图 6-23

（3）ActionBar 功能框

ActionBar 功能框可以被看作一种 Dialog 对话框的延伸设计，两者都是模态弹窗，用户必须进行回应，否则弹窗不会消失，用户无法继续其他操作。ActionBar 功能框比 Dialog 对话框拥有更多的功能按钮，提供给用户更多的功能选择。ActionBar 一般设计有一个默认的"取消"功能按钮，点击该按钮后可关闭弹窗，用户点击弹窗以外的区域相当于点击了"取消"功能按钮。

ActionBar 一般被用来向用户展示多个功能按钮选择，如图 6-24 所示。ActionBar 功能框设计比较常见的样式是文字列表框，主要出现在界面底部，以简洁的功能描述性文字展示功能按钮，敏感的功能操作一般用红色字体标出，见左图。当功能按钮数量很多的时候，不适合用文字列表的形式显示，可以用图形加文字描述排列的形式来进行展示。这种样式下需要注意弹窗内各功能按钮的用户体验设计和排列布局，见右图。

图 6-24

（4）SnackBar 提示对话框

SnackBar 提示对话框是 Android 系统的特色弹窗之一（在 Android 系统中可以直接调用 SnackBar 组件并生成弹窗），也是一种非模态弹窗，如图 6-25 所示。它同时拥有 Toast 提示框和 Dialog 对话框的特点，不会打断用户正常的操作流程。它除了可以告诉用户信息内容，还可以与用户进行对话交互（用户可以点击功能按钮进行回应）。一般情况下，SnackBar 提示对话框由信息内容加一个功能按钮组成，用户点击功能按钮后弹窗会消失，App 随即执行该操作，进入相应的功能流程。SnackBar 提示对话框与 Toast 提示框一样是有时间限制的，即使用户不进行回应，弹窗出现一段时间后也会自动消失。

图 6-25

与 Taost 提示框相似，SnackBar 提示对话框弹出的信息通常用来提醒或进行消息反馈，一般用来显示操作结果。还可能会提供一个功能按钮给用户选择使用。例如，当用户删除了某张图片，界面会通过弹窗告知用户图片删除成功，并提供一个"撤销删除"功能按钮让用户进行选择。SnackBar 提示对话框还可以被设计成只有信息内容而没有功能按钮的样式。这种样式下用户无法进行操作，只能等它自动消失。此时，我们也可以将其看作一种文字描述型的 Toast 提示框，只是表现形式有所不同。

当然，并不是所有的弹窗设计都会被用户接受，特别是广告类弹窗，通常是很容易被用户厌恶的。我们要尽量限制使用弹窗，考虑信息内容的必要性和目的性后再选择是否使用弹窗，以及使用哪种方式和样式的弹窗。一般情况下要把弹窗的层级控制在一级，即关闭了一个弹窗后不会马上出现新的弹窗。接连不断地出现弹窗只会激起用户的厌烦情绪，并且大大降低用户的操作体验。

● 从用户的角度去体验交互

从设计角度来讲，交互与视觉其实是有很大差异的。在视觉设计中，美或丑都可以从设计的专业角度进行衡量，但是交互不一样。交互设计不能想当然地进行，因为很多我们认为符合逻辑的交互在用户真正用的时候并不符合逻辑。例如，假设有一个抽奖活动，我们所认为的正常活动逻辑应该是"开始抽奖→选择奖券→翻到正面→刮开→确认领奖"。这个活动的界面设计如果按照这个逻辑来做，用户操作起来会感觉非常烦琐。因此，实际的交互可能只需要"开始抽奖→选择奖券→系统自动刮开并确认领奖信息"。在设计产品的过程中，能一步完成的操作不要用两步去完成。但是在设计工作中，很多时候设计师的交互思维都太过缜密了，所以在设计过程中，设计师不妨站在用户的角度多去体验，发现问题所在，并及时解决。如图 6-26 所示，在选择排序方式时常规方式是点击筛选，然后选择以何种排序方式呈现，但是当界面中只有两种排序方式时再使用这种交互方式就显得太过烦琐了，见左图；这时如果改用"一键切换"的方式就可以免去多余的操作，见右图。

图 6-26

6.2.2 降低用户的学习成本

用户的学习成本是指用户对一款产品从认识到熟练操作所花费的时间和精力。在越来越多同类产品可供用户选择的情况下，用户会更加注重他们的学习成本，这时难学、难上手的产品很容易被抛弃，这一现象在当下这个竞争激烈的互联网时代表现得更加明显。目前，很多交互方式已经使用户养成了使用习惯，如下拉刷新，点击"房子"图标进入主页，以及点击"人物"图标进入个人中心页等。在产品起步阶段，尽量不要去试图更改这些交互方式，否则用户需要耗费很大的学习成本，而不利于产品的推广和普及。在产品的使用上节省了用户的时间，就意味着用户对产品的接受程度可能提高。

● **使用操作指引**

用户在使用 App 时，一般要先了解这个 App 的基础功能和用法。如图 6-27 所示，如果产品需要新加一些特色功能，最好在初期使用文字而非图标，或者在用户第一次打开产品时给予操作指引。

图 6-27

提示

当然，类似操作指引的一些交互方式在产品中也不宜出现太多。例如，针对一些不是很重要的功能信息可以使用 Toast 提示框显示。

- **寻找产品的共性并尊重用户的认知习惯**

当我们在做一款新的产品时，应该寻找产品的共性并尊重用户的认知习惯。在没有突破性优化之前，尽量不去更改用户已经使用习惯的交互方式，这也是降低学习成本的方式之一。其实我们多观察产品间的这种共性并尊重大部分用户的使用习惯会发现，很多设计不需要考虑太多就能很容易被用户接受和使用，如社交类产品的即时通信（以相互对话最为典型）功能设计、社区类 App 的发帖或动态编辑功能设计，以及购物类 App 的购物车功能设计等。

- **与生活联系在一起**

平日里，细心观察产品设计的人会发现，目前很多产品的设计原型也都是可以在生活中找到的。这些设计把人日常生活中都熟知的一些事或物通过模仿、形象化等方式嫁接到产品中，大大降低了用户的学习成本，使产品更能被用户接受。如图 6-28 所示，产品界面的开关功能就是模拟了生活中的开关形态而进行设计的。这样的设计使得用户第一次看到这个功能就会产生心理预期：这是一个开关功能。

类似的例子还有很多。在产品界面设计初期，iOS 系统的图标设计之所以采用拟物风格，是因为这样可以让用户界面与生活联系在一起，以降低用户的学习成本。久而久之，用户已经养成了这样的认知习惯，以至于扁平化时代到来之后，我们即使不把相机图标中的"相机"画得那么细致，用户也可以很直观地了解图标的含义。如图 6-29 所示，"网易云音乐"中的会员卡采用了生活中真实的会员卡的样式（左图），使用户能够直观感受到图片所要表达的含义；"微信"中的"发红包"功能（右图）同样模拟了生活中真实的红包形态。

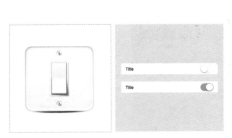

图 6-28

图 6-29

通过以上这些例子我们可以知道，互联网源自生活也离不开生活。它在迅速改变人们的生活习惯和认知的同时，又被人们的生活习惯和认知所影响。当我们把生活和互联网真正结合在一起的时候，用户就不会觉得学习使用互联网是一件很困难的事情了。

6.2.3 减轻用户的记忆负担

在前面的可用性容错知识部分，笔者已讲过如何协助用户记忆，而这里所讲解的内容会略有不同。这里所谓的"减轻用户记忆负担"，指如果产品中一些元素真的需要用户去记忆，那么设计师需要尽可能让用户花最短的时间记住，并且不容易忘记。

● 要么统一，要么对比

美国科学家研究发现，人的大脑会"优待"较常用的记忆内容和操作形式，而有意抑制那些相似但不常用的内容，以便减轻自身的认知负担，并且防止混淆。从某种程度上来讲，习惯就是一种"熟知记忆"。很多时候，用户的记忆都是模糊的。当他们需要有目的地寻找界面中的一些元素或功能时，记忆力只能记住某元素或功能的大概样式。然而，在设计师设计用户界面时，有时候会为了产品的统一适当忽略功能性的区分。如图 6-30 所示，在"UC 头条"的Feed 流中，视频类资讯与文本类资讯虽然是穿插排列的，但视频类资讯统一使用了通屏的样式，与文本类资讯及音频类资讯进行了区分，以防止用户记忆混淆。

图 6-30

● 不要轻易改变功能的位置

位置信息是用户容易记忆且深刻记忆的信息。这正如我们去超市购物一样，即使货品的位置发生了变化，用户还是会去原来的位置寻找商品。这一点在产品设计中同样需要注意。例如，某用户手机中安装了非常多的 App，在该用户用习惯了之后，如果突然间这些 App 位置发生了的变化，用户会很不适应。当然，这里说的是一些常用的功能，不常用功能的位置用户本来也很少去记忆，所以即使改动了也不会影响用户的感受。例如，针对"支付宝"界面（图 6-31 左）中的"扫一扫"与"付钱"等被用户高频率使用的功能，产品在多次迭代改版中都没有改变它们的位置，目的是让用户每次打开产品时都不需要去回忆就知道每个功能在哪里。当然，在以后的迭代中，如果有足够的理由，"支付宝"的这两个功能的位置或许会更改，但在没有必要的情况下，不会去做修改，以免增加用户的记忆负担。又如，自从"爱奇艺"新增了"泡泡"功能之后，其个人中心页便向左移动了（图6-31右）。而像标签栏这种高频使用的功能被更改之后，很容易让用户产生误操作，这也是一个非常不好的体验。当然，"爱奇艺"可能正是考虑到了这一点，才做出了这个改动，如此可以从很大程度上提升用户点击率。就像前面笔者讲过的，产品需要与用户需求之间总要做出权衡。

图 6-31

● **通过色彩加深印象**

在界面设计中，色彩不仅可以赋予产品性格，还可以赋予用户一个很明确的记忆点。当然，相比位置信息来说，色彩的习惯性没有那么强，但是在一些复杂的功能区，通过色彩可以产生更多的记忆点。在产品体验中，很多人会以为，色彩多了用户更不容易记忆，其实这是一个误区。因为每个用户都会有自己常用的那几个功能，并不是所有功能的使用频率都是一样的。就像我们在手机上下载了如此多的应用，真正经常打开的也就那几个。在这种情况下，如果所有的应用图标都使用一种色彩，即使图形元素有区别，也很难让用户清晰地记住。如图6-32所示，当我们把"支付宝"快捷功能入口处的图标都统一为蓝色时就会发现，虽然所有的图标都看起来一致了，界面视觉也更整齐了，但是一些常用的功能反而无法突出了（左图）；如果将每个功能赋予属性相关的色彩，可以让用户即使记忆模糊，同样可以快速找到功能（右图）。

图 6-32

● **控制信息量**

在多数情况下，用户记忆信息时，1个记忆最牢靠，3个很清楚，9个以上就需要对信息进行分类来帮助理解和记忆。在产品设计中，我们可以通过这种合理的设计手段将信息有效地推送给用户，并且帮助用户轻松完成任务。这正如之前的Banner设计知识部分中所讲到的，如果Banner中的主题文案过长，可以拆成两行，并以两个层级显示。人类对于文案在短时间内能记住的字符极限不超过9个，并且越少的文字传达的信息越能吸引用户的视线，减轻用户的记忆负担。这一点与用户界面设计有相通之处。界面中设计师能主观控制的板块标题或入口名称，都尽量把字数控制在7个以内。如图6-33所示，仔细观察该界面我们会发现，"拉勾"（上图）的功能入口很多，样式也很丰富，文案也同样表现得很精简，如此可以让用户在最短时间内记住这些功能；"美团外卖"（下图）的界面设计也是同理，针对过长的主题文案，设计师通常会巧妙地将其拆分为两行，使其看起来精简舒服。

当然，对于信息量的控制并不局限在主题文案上。当界面中的功能超过9个时，也有必要进行分类处理。这里所谓的"分类处理"指的是功能性的分类，而不是二级页单一的信息列表分类。如图6-34所示，"爱奇艺"的个人中心页（左图）功能较多并且层级不高，所以没有必要给每一个功能都赋予不同的色彩，但对信息数量进行了控制，主要表现为把9个功能归为一类，以此来帮助用户记忆；"虾米音乐"（右图）的设计也是同理，虽然该界面在版式上与颜色上没有区分，但利用了亲密关系原则对功能信息进行了分类。

图 6-33   图 6-34

6.2.4 一个结果可有多种交互

在设计产品时，用户为了达到某种需求可以采用很多种方法，主要包含以下两个方面。

● **为常用功能提供快捷入口**

在产品设计中，为一些常用功能提供快捷入口是一个很常规的提高产品易用性的方法。对于一些刚入门的设计师来说，在刚开始进行界面交互设计时，他们往往担心功能重复出现会产生不好的影响。其实做交互最怕的就是太过循规蹈矩。毕竟用户对于一切好用的功能都是感知不到重复的，而只有在他们想用却找不到入口时才会明显感受到产品的缺陷，因此在设计时一定要学会变通。如图6-35所示，在"知乎"界面中，设计师针对"首页""大学"等界面都设置有"搜索"功能的入口，只是首页的入口样式视觉层级更高一些。

图6-35

同一个功能可能会有不同的使用场景。例如，当我们使用"支付宝"给他人转账时，常用的有两种方式：一种是在首页直接点击转账，然后选择转账给指定对象；另一种是先选择用户，然后在对话界面点击转账按钮并进行转账，如图6-36所示。

图6-36

经过以上分析，可能有的读者会产生疑问："为什么会存在两种方式呢，一种方式不就够了吗？"其实这两种操作方式是基于两种场景的。第1种场景更多的是完成转账这个操作，转账用户与收款用户事先已经达成共识，不需要沟通，目的性较强，如图6-37所示。

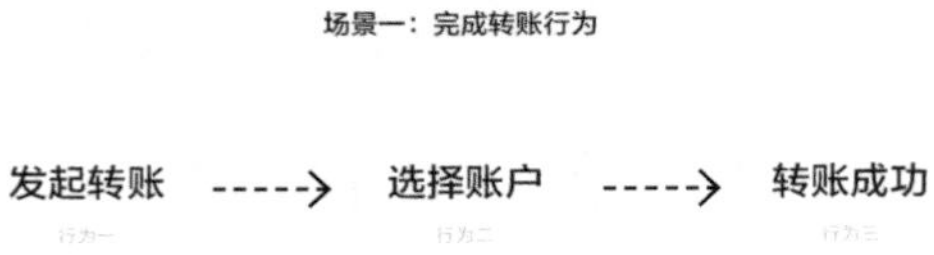

场景一：完成转账行为

发起转账 ----> 选择账户 ----> 转账成功

图6-37

第 2 种场景是转账用户与收款用户没有达成共识，需要沟通之后才决定要不要转账，如图6-38所示。这时如果对话界面没有"转账"功能，那么用户沟通完决定要转账就需要再返回首页，这样交互效率明显会低很多。

场景二：沟通后决定要不要转账

发起沟通 -----> **发起转账** -----> **转账成功**
行为一　　　　　　　　行为二　　　　　　　　行为三

图6-38

● **相关功能互相推荐**

随着算法越来越成熟，产品内越来越多的相关功能开始互相推荐。产品内同一个界面可以通过多种交互路径达到，前提是用户不反感这些内容，所以说算法的成熟可以让产品更加易用。其实在算法还没有被很广泛地应用于产品时，推荐机制就已经出现了。如图6-39所示，以"知乎"为例，当"我的私家课""我的Live"界面信息为空时，系统会推荐用户去挑选适合自己的私家课或Live。

后来，随着算法的强大，推荐机制开始更大范围地得到应用。如图6-40所示，当用户查看的界面为空时，可以根据用户的使用习惯与浏览口味推荐一些用户可能喜欢的内容。当然，用户在很多入口都可以看到这些推荐的内容，不过这种以智能算法为依据的推荐内容可以极大地提升用户交互效率；当用户查看另一个用户时，系统会推荐与这个用户类似的更多用户。用户之间一般是相互推荐的，通过这种相关内容互相推荐的方式，可以极大地提升产品的易用性。

图6-39　　　　　　　　　　　　　　　　　　　　图6-40

6.2.5 产品符合人体工程学

人体工程学是研究如何设计出符合人们生理和心理能力的设备的学科。目前，我们对人体工程学的理解大都停留在办公环境人体工程学，如办公椅调整、桌子高度，以及电脑屏幕位置等。人体工程学不仅适用于电脑屏幕或移动端外围的各种情况，还适用于发生在屏幕上的各种现象。从易用性的角度来说，这些人体工程学原则之所以重要，是因为尽管它们是根据实物世界中的作用效应总结出来的，但对屏幕产品的设计也有深远的影响。例如，光标可以充当我们的手指，指示我们想要指示的位置，但它也有能做和不能做的动作。此外，随着触摸屏的出现，我们的手指也充当光标，突然之间，我们会发现自己得同时应付线上和线下的人体工程学问题。

说到人体工程学，就会涉及一个概念，那就是费茨定律。费茨定律可以用一句话概括：任意一点移动到目标中心位置所需时间与该点到目标的距离和大小有关，距离越远时间越长，目标越大时间越短。怎么具体地理解这句话呢？举个例子。举起你的手臂并试着用手指指向远处一个较小的物体，如远处墙上的一个电灯开关。一开始，你可能会往开关的位置大幅度移动手臂，找到大概位置。之后，你会做一些微小的调整动作，直至你的手指正好对准目标开关的中心。接下来，你可以试着指向一个更大的物体，如电视或一面墙壁。这一次你也会以大幅度的手臂动作来使手指指向目标方向，但因为目标体积很大，所以很可能一下就能指中，基本上不需要微调。

而从用户体验设计的角度来讲，针对费茨定律的运用我们需要注意以下 3 个问题。

● 点击对象需要合理的尺寸

在 iOS 系统中，所有的可点击元素的点击范围不可以小于 44px，否则很容易出现用户点击困难的情况。当然，这里并不是说所有的按钮图标都必须大于或等于 44px。在实际的设计工作中，可点击的范围可以大于按钮或图标本身，但一定不可以小于按钮或者图标本身。也就是说，在设计中，如果按钮由于种种原因不可以设计到 44px，可以在周围留出可以点击的留白元素。

● 屏幕的边与角可无限选中

在 Mac OS X 系统中，"屏幕的边与角可无限选中"这一规律得到了广泛的应用，即它们默认将底栏放到了屏幕的最下方，设置底栏"无限可选中"。因为用户不能将光标移到底栏下方，所以在向底栏方向做出大幅度移动后，光标始终是落在底栏上的，这个规律在移动端同样适用。例如，移动端的产品标签栏同样是做吸底处理，用户很少会误点击或点击不到。即使点击到了屏幕边缘，也仍然是有效的。同时，在 Android 系统的应用卸载操作上也很好地应用了"屏幕的边与角可无限选中"这一规律。如图 6-41 所示，当用户拖曳应用到顶部进行删除时，由于屏幕的边缘无限可选中，因此提高了用户操作效率和精准度，这时用户不用担心拖不准位置。

图 6-41

让浮层与Touch位置相邻

让点击后的反馈出现在用户正在操作的对象旁边，而不需要移动到屏幕的其他位置，这时用户打开 ActionBar 功能框的速度会更快。这种设计思路在 PC 端的右键快捷菜单功能中得到了很好的体现。一般情况下，这个移动的距离要远小于将鼠标指针移动到应用程序主窗口顶部的下拉菜单区域时所产生的距离。在移动端，最常见的就是点击"更多功能"按钮后出现的浮层。在设计中，只要功能不是太多，还是尽量将浮层展开于按钮旁边，如此可以让用户操作得更快。如图 6-42 所示，当用户点击"TIM"云文件界面右上角的更多功能按钮时，按钮下方会出现功能浮层。该功能浮层贴近屏幕边缘，既迎合了"屏幕的边与角可无限选中"的设计规律，又缩短了当前位置到目标区域的距离。

图 6-42

6.2.6 输入表单时给予提示

　　一般来说，用户在使用产品时都不喜欢填写表单，并且对于一些不知道如何填写又没有相关提示的表单填写更是感到反感。填写表单在产品设计时是无法避免的，但针对以上说到的两种情况，为了让用户能够更轻松地完成填写任务，设计师就要在用户输入表单时给予明确的提示。

● **规范表单格式**

　　用户在使用产品时，往往喜欢在系统规范好的格式中去填写必要的信息。例如，当用户在填写身份证号或银行卡号的时候，由于位数过多很容易填写错误。这个时候，用户一般希望表单里可以针对要填的位数提供相应数量的格子，如此可以很直观地看到表单是否填写正确。如图 6-43 所示，在一些"登录"界面中，当用户在输入验证码时，一般验证码是几位，界面中就会留几位的空格（左图）；用户在"支付宝"中输入密码时，系统同样会留出 6 个单位的输入框以规范表单样式，帮助用户尽可能准确地输入密码（右图）。

图 6-43

　　当然，如果同一个小屏幕的界面内有太多的表单信息需要填写，给每一个字符都留出一个单独的输入框就显得太过复杂了。这时，系统只需限制一下输入框的字符数量即可。这里以普通的手机号为例，手机号的前 3 位是网络识别号，第 4~7 位是地区编码，后 4 位是用户号码，如图 6-44 所示。基于此，手机号正确的读法应该是"xxx-xxxx-xxxx"。

图 6-44

　　在进行表单设计时，如果界面中的手机号或证件号可以通过这种方式进行限制，用户的输入操作会更加规范。如图 6-45 所示，当用户在"美团"（左图）上买机票并输入个人信息时，系统会将身份证号与手机号根据每段字符的表意规范为几段；用户在"微信"（右图）中添加银行卡信息时，系统同样会将银行卡号规范为几段，除了规范样式之外，也可以让用户更容易发现其中的错误并及时进行修正。

图 6-45

● 给予用户参考信息

当我们在银行填写一些纸质表单时，银行工作人员一般会在表单旁边放置一张已经填写好的表单供需要填写表单的用户参考。而用户大部分都是在参考格式而不是内容。我们如果在产品中能较好地应用这一点，同样可以极大地提升产品的用户体验。那么，具体应该如何应用呢？在用户填写表单之前，并不需要每次都给其看一眼模板，而常用的方式是在用户的输入框内填充提示性文字。当然，这种方法适用于比较复杂或学习成本较高的表单。如图 6-46 所示，在一些格式不固定的填写项后面，若能预填充一些正确格式的参考信息，可以让用户更直观地了解填写的正确格式，并且降低填写错误的概率。

图 6-46

6.3 交互体验的好用性

在好用性阶段，我们需要验证的问题是产品体验是否友好且情感化。一款产品如果想要做到好用，不仅需要大幅提高用户的交互效率，让产品更便捷高效，还需要加入情感化的思考，让产品与用户产生共鸣，并且使用户在使用产品的过程中爱上产品，进而增加用户的黏性。

针对产品的好用性设计，笔者将从以下 5 个方面进行解析。

6.3.1 让用户做选择题而不是填空题

所有经历过考试的读者都应该深有体会，选择题、填空题和问答题是 3 种常见的题目类型，而其中的选择题应该是最受欢迎的一种题目了。对于成绩较好的学生来讲，选择题较为省时，基本上很多题目的正确答案一眼就看得出来；对于成绩不好的同学，选择题即使不会也可以根据题目的几个选项凭感觉选一个；对于老师来讲，选择题也是批改试卷时最省时的题目类型。在做产品设计时，道理其实也是一样。相比"填空题"来说，用户更喜欢做"选择题"。

● 让表单格式更规范

6.2 节已经讲过不少有关产品表单设计的技巧。对于用户来说，表单输入本身就是一个不太友好的体验，但是又无法避免其出现。近年来，在产品的用户体验设计中，设计师已经把表单设计得越来越简洁和方便了。例如，之前用户在"QQ"登记中填写出生日期后还要再手动输入年龄信息，而如今不需要了。当用户在填写好出生日期之后，系统会自动推算并帮助用户填写年龄、星座等信息，也就从一定程度上免去了用户手动输入的麻烦。

在表单格式的规范性上，用户主动输入的信息难免会出现用户与用户之间填写的格式不统一的情况，而用户体验设计中统一性又是非常重要的。例如，当用户在界面中填写所在地信息时，有的用户会写到省为止，而有的用户则会写到市。即使表单进行了规范化设计，要求所有的用户都要细化到市，也仍然会出现有的用户写省市简称有的用户写省市全称的情况。这个系统是很难判断的。如此一来，就会出现一种情况：在查看不同用户的资料时，即使两个用户来自同一个地方，在视觉上也不容易被人及时地了解。例如，在同一界面中，两个所在地相同的用户在填写所在地信息时，其中一个用户可能会输入"江苏苏州沧浪区"，而另一个用户可能会输入"江苏省苏州市沧浪区"。相同表意的内容，表达方式却不相同。

那么，这个问题如何去解决呢？这时我们就可以通过让用户做选择题的方式让表单格式更规范。当然，这里并不是说每种信息都适合以"选择题"的方式来呈现。例如，地区、性别和职业等这种比较有针对性的信息，设计师可以给用户罗列出一些选项并供读者选择，这样不仅可以让表单格式更规范，也可以极大地提升交互效率。而如爱好或个人成就等这种比较广泛且深入的信息，建议还是让用户自己填写为好。

如图 6-47 所示，用户在"微信"（左图）中填写表单信息时，针对地区的选择系统会把地区信息作为选项让用户进行选择；用户在"知乎"（右图）中填写表单信息时，系统会将行业进行归类，让用户选择。

图 6-47

输入比选择要慢得多

在用户使用产品的过程中，有时候系统会弹出窗口让用户输入一些信息。面对这种情况，只要不是特别重要的信息或即便不填写也不会给自己带来什么损失的信息，用户往往会选择直接忽略掉，毕竟表单输入真的很费时间。基于此，作为设计师应该想办法新增并置入一些能代替用户输入表单的场景。如图 6-48 所示，当用户在"今日头条"中搜索内容时，系统会根据用户当前已经输入的内容推荐一些用户可能想搜索的内容，这与输入法其实是一个道理。这样的设计可以让用户的搜索从"填空题"转换为"选择题"，大大提升用户的交互效率；用户在"今日头条"中删除一些不感兴趣的资讯时，系统不会让用户输入不感兴趣的原因，而是让用户进行选择，如此不仅可以让用户操作更高效，而且可以尽可能多地收到用户的反馈。

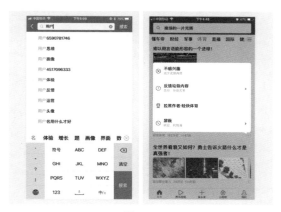

图 6-48

6.3.2 预知用户的下一步操作

有时候，我们会遇到在进行某一步操作时出现连带操作的情况。例如，当我们去超市购物并结账的时候，可能会出于种种原因突然不想要某些商品了。这时，如果我们将商品放回原处就会显得比较麻烦。基于此，超市的工作人员会在收银结账处专门设置一个商品回收区域，我们可以将临时不想要的商品直接放到这个位置，也就节省了我们购买商品所花费的时间。同样的道理，在日常生活中我们通常会看到超市结账处会摆放口香糖、棒棒糖等商品，这样是为了方便我们在结账缺零钱时可以顺便拿这样一些小商品将账单上的钱凑成整数。而在进行界面设计的过程中，这种体验设计也会被广泛应用。

● 多流程合并

在产品的界面设计中，其实很多交互流程是可以合并到一起的，如此可以节省用户的操作时间，避免无效操作。例如，当用户在订外卖时，不会在点完餐后再单独点一双筷子，因为这两个行为是必然关联的，所以两个流程就可以合并为一个流程。"微信"与"支付宝"中的某些功能操作也是同理。如图6-49所示，当用户在"微信"界面（左图）和"支付宝"界面（右图）中进行下单支付时，系统都是用最后一位密码代替确定按钮。因为用户输入完密码已经是一个很明确的支付行为，再多一步确认就会显得多余了。除此之外，用户在"支付宝"中进行输入密码操作时，系统会自动地弹出虚拟键盘，并且该键盘为纯数字键盘。这里之所以将点击输入框和切换输入法这两步操作合并在了用户点击输入密码那一步，是因为这些操作本身是用户在支付时的连带操作，单独拆分毫无意义。

图6-49

● 为相关操作提供快捷入口

之前我们说到，针对用户的一些必然连带的操作，在交互设计中可以合并成一步。然而，针对一些操作上虽然有很强的连带性，却并不是用户必然连带的操作应该怎么处理呢？这时就可以为相关操作行为提供快捷入口。这里举一个比较容易理解的生活中的例子。例如，我们去便利店买了一个饭团，虽然很多饭团是熟的，但由于是冷藏保鲜的，仍然需要加热，因此"买饭团"和"加热"是一个强关联的交互行为。然而，当我们将饭团拿到便利店的收银处结账时，便利店的工作人员并不会帮我们直接把饭团加热，这是因为有时候我们可能是希望马上热好马上吃，而有时候又希望带走。同时有的人喜欢吃热的，也有一部分人喜欢吃凉的。针对这种即使强关联也不是必然连带关系的操作，多流程合并就不适用了。这时候可以为相关的操作提供快捷入口，例如便利店的工作人员可以将微波炉放在结账处，让顾客自行选择加热还是不加热。

再从产品体验设计的角度来讲，很多产品的交互行为也是有强关联性的，设计师可以在用户进行操作后，智能地为用户下一步强关联操作提供快捷入口。如图6-50所示，用户在"唱吧"（左图）上传完歌曲后，系统会提供给用户一个快捷的分享入口，方便用户上传歌曲并与他人进行分享；当用户在"网易云音乐"（右图）中进行截屏操作后，系统会给用户提供一个"分享"入口，方便用户进行分享。

图6-50

6.3.3 交互次数与界面信息量的关系

前面我们一直在讲如何简化交互流程以节约用户的操作时间并提升用户体验，但所说的都是在不给单个界面增加视觉负担的前提下节省交互流程。如果仅为了简化交互流程，而在同一个界面放了过多的信息，导致界面失去秩序，那就得不偿失了。与其在一个界面中花更多的时间寻找信息，不如多点击两次屏幕来得方便。同时，与操作的次数相比，用户通常更反感同一界面中出现信息过多的情况。

● **无关功能收进下级交互**

　　每个界面都有它在整个交互逻辑中存在的位置及表达的意义，把主要功能明确地展示出来就足够了。功能选项越多，用户需要了解与选择的时间越长。次要或无关功能如果可以收纳或弱化处理，会大大地提高交互效率。除了首页这种综合性较强的界面，在做交互设计时最忌讳的就是"胡子眉毛一把抓"，一个界面中承载的内容越复杂，用户获取信息的时间就越长。如图 6-51 所示，在"微信"的聊天界面中，除了文字输入与语音输入，其他的功能几乎都被收入了下级交互界面。而"发送图片"这种功能虽然也会经常用到，但表情包已经替代了很大一部分发送图片的需求。只要与当前界面所完成的事情没有强关联，或者没有数据上的特殊要求，都可以收进下级交互当中。干净清晰的交互布局可以让用户专注在打开当前界面所应该做的事情上面。

图 6-51

● **让用户先知道列表主题**

　　在同一个界面中信息较多的情况下，同一类信息可以展示一小部分，以让用户在最短的时间内找到自己感兴趣的信息，之后若有必要再展开对应的内容进行阅读，这样可以大大提高界面的交互效率。这正如人力资源师招聘一样，在人力资源师收到一堆简历后，通常他们不会每个都去看一遍，而是通过查看一些基本信息判断是否合适并筛选一遍，再有针对性地去进行查看，以达到节约时间的目的。基于此，招聘系统会要求应聘者将学历、年龄及工作经验等这些人力资源师招聘时最需要了解的信息先列出来，方便其快速查看并完成筛选。而在产品体验过程中，除了一些常见的列表页形式，其他界面也经常会遇到类似这样的交互情况。在 iOS 系统中，由于小组件部分功能较多，因此给每一个组件限制了高度。如图 6-52 所示，如果用户希望了解一些详细信息，可以点击组件并展开详情（左图）；当用户使用"知乎"（右图）时，如果想查看一个问题的全部回答信息，系统会将问题的详细描述和话题索引的目录收起，方便用户快速了解回答的内容有哪些，同时让用户在最短的时间内找到自己感兴趣的信息列表。

图 6-52

6.3.4 图形比文字更易读

　　相比图形，文字是一种更直观的信息传达方式，图形与文字使用的场景是需要反复推敲的。例如，单个文字或少量文字能传达的信息可能会更直观一些，而一个图形有时可以达到多个文字的表意，这时图形的表达更有效。同时，图形更适用于需要远距离获取信息的场景，如机场或车站一般都是以指示标的形式传达信息。此外，图形除了可以传达信息之外，在系统状态和数据可视化方面如果能得到比较好的应用，能体现出比文字更易读的优势。

● 图形表达系统状态

　　通过图形变化来传达交互反馈是最直观的交互表达方式。在一些常见的收藏、点赞等功能上，用户对于图形的认知是非常深刻的，因为轮廓更简单，也更便于记忆。其实文字与图形都是为了向用户传达一个信息，文字对于一些复杂的表意可以进行描述，然而类似点赞这种操作用户已经在心理上有了足够的预期，就不需要进行描述了，有一个简单的轮廓就可以了。如图6-53 所示，当我们把点赞与评论的图标换成文字后会发现，虽然文字的表意传达很明确，但与图标相比，采用图标的表达方式更容易让人识别，并且能使用户的点击欲望增强。

图 6-53

类似的还有开关状态的切换,如图 6-54 所示。在界面设计中,针对开关状态的切换如果能使用图形来表现,可以让用户与生活中的行为联系在一起,且视觉上更直观,能减少用户的思考时间。

图 6-54

在一些需要展示项目进度的地方,图形同样可以将进度很直观立体地进行传达。例如,我们开车去一个目的地时,导航系统若只告知我们距离终点还有几公里,我们基本不能得到一个很清晰的概念。然而,如果加以图形效果,未走过的路程用灰色条显示,已经走过的路程用绿色条显示就会清晰得多。用户对数字本身的概念是非常模糊的,就像我们如果买彩票中了 5000元,首先就会想 5000 元能买到什么东西。这一点在产品中也被广泛应用。如图 6-55 所示,在用户用"美团"购买车票时,会用进度条来显示购票的进度(左图);在用户使用"QQ"时,"QQ"会用进度条来显示会员还需要多少成长值才可以升级(右图)。

图 6-55

● 数据可视化

数据可视化,是指将相对晦涩的数据通过可视的、交互的方式进行展示,从而形象、直观地表达数据蕴含的信息和规律。早期的数据可视化作为咨询机构、金融企业的专业工具,其应用领域较为单一,且应用形态也较为保守。随着大数据时代的到来,各行各业对数据的重视程度与日俱增,随之而来的是对数据进行一站式整合、挖掘和分析,数据可视化呈现出愈加旺盛的生命力:表现之一就是视觉元素越来越多样,从朴素的柱状图、饼状图、折线图扩展到气泡图、树图及仪表盘等各式图形;表现之二是可用的开发工具越来越丰富,从专业的数据库、财务软件扩展到基于各类编程语言的可视化库,相应的应用门槛也越来越低。

相比传统的用表格或文字展现数据的方式,可视化能将数据以更加直观的方式展现出来,使数据信息更加客观且更具说服力。人类视觉感知到心理认知的过程要经过信息的获取、分析、归纳、解码、存储、提取和使用等一系列加工阶段。每个阶段需要不同的人体组织和器官参与。

简单来讲，人类视觉的特点是对亮度、运动和差异更敏感，对红色相对于其他颜色更敏感；对于具备某些特点的视觉元素具备很强的"脑补"能力，如空间距离较近的点往往被认为具有某些共同的特点。人之所以对眼球中心正面物体的分辨率更高，是因为人类晶状体中心区域锥体细胞分布最为密集。人们在观察事物时，习惯于将具有某种方向上的趋势的物体视为连续物体，并且习惯于使用经验去感知事物整体，而忽略局部信息。

在产品设计中，只要涉及数据对比的地方都可以将数据可视化。用户可以根据图形的大小或线的长短来判断数据的多少，对比也会更清晰。如图 6-56 所示，"汽车之家" App（左图）中两种车型的对比情况通过数据可视化让对比一目了然；"支付宝" App（右图）也通过数据可视化让数据比例的视觉效果更立体。

图 6-56

6.3.5 基于用户使用场景

用户场景的设计其实是基于用户达到某个目标的一系列场景的分析与判断，理解用户在每一场景下的痛点及需求，并结合上一场景，预期用户下一步的目标及意图，同时通过设计引起用户情感上的共鸣。从视觉层面来讲，针对不同的视觉场景，界面所需呈现的风格也会有所不同；从交互层面来讲，针对不同的交互场景，界面所需的交互形式也会有所不同。如图 6-57 所示，在 iOS 系统中，关于接听电话存在两种不同的场景：一种是在锁屏状态下的场景，另一种是在非锁屏状态下的场景。在锁屏状态下有电话进入，多数情况下是将手机揣在了兜里或放在包里，为了避免用户在拿出手机时不小心触摸到屏幕而出现误操作，用户需要拿出手机后先解除锁屏才能接听，而不是直接点击接听。而在非锁屏场景下，多数情况是用户正在使用手机并且注意力较集中，这时候采用点击接听的方式会更方便快捷。

图 6-57

　　类似的情况还有很多。例如，当用户在接听电话时，用户的脸若贴近感光器，屏幕会自动息屏，而当用户的脸离开感光器后，屏幕会自动亮起。

● **基于使用时间**

　　关于在不同的使用时间范围里有针对性地设计不同的界面风格与功能这一点，在市面上很多产品中已经体现得比较充分了。如图 6-58 所示，常见的阅读类产品的"夜间模式"功能（左图）就很好地照顾到了用户深夜时的阅读体验，把 App 中明亮的阅读背景切换为暗色系的阅读背景，可以令用户感到更加舒适；在用户使用"ofo 共享单车"时，针对开启车锁需要用户扫描车身上的二维码，而在夜里光线不好的情况下，直接扫描会很困难，因此在后续的迭代中加入了"手电筒"功能与"蓝牙开锁"功能（右图），这也是基于夜晚场景的设计表现。

图 6-58

　　此外，在节日期间，很多 App 会做一些与节日有关的皮肤，这也是基于时间场景的设计。这些设计可以营造节日的氛围并拉近产品与用户之间的距离。

- **基于网络环境**

在产品设计中，基于用户不同的网络使用环境，可以给予相应的反馈。在 Wi-Fi 状态下，一般不存在担心流量不够用的情况，并且更多地是想看到比较高清的画质。而在移动网络环境下，对于大部分用户来说流量就显得比较珍贵了。这时候，用户使用一些流量耗费较大的产品，如果系统不给予相应提示或处理方案，很可能会由于一个不经意的误操作就导致不必要的经济损失。基于此，在针对一些如在线视频类、音乐类和云盘网盘类产品，系统会在不同的网络环境下切换不同的产品使用模式。如图 6-59 所示，用户在移动网络下使用"QQ 音乐"（左图）播放音乐时，在没有缓存歌曲的情况下，系统会用 Dialog 对话框提醒用户是否要继续使用流量播放；在用户使用"天猫"（右图）时，当系统检测到网络环境由移动网络切换到了 Wi-Fi 网络时，系统会给用户弹出"在 Wi-Fi 环境下，为您呈现高质量图片"的 Toast 提示框。同时，在由 Wi-Fi 网络切回到移动网络时，系统又会给"在移动网络环境下，为您呈现普通质量图片"的 Toast 提示框。这种设置方式可以有效地节省用户的流量，并且提高界面的加载速度。

图 6-59

设计师在做交互设计并考虑网络状况的时候，通常只考虑"Wi-Fi 网络""移动网络""无网络"这 3 种情况，而"弱网环境"的情况是很多设计师没有考虑到的。"弱网环境"可以理解为通过数据能够检测到 App 运行，但是请求接口和返回数据的时候会出现数据返回异常、加载过慢等情况。这个时候给的提示应该是区别于"无网络"环境的提示的。一般处理的方式是加载 10~15 秒然后给予"网络状态不佳，请检查网络环境"的 Toast 提示框，而不是一直加载或直接给出"无网络连接"的提示。

- **基于地点环境**

"基于不同的地点环境给予不同场景的设计"在产品设计中是比较重要的一种场景化设计。正如笔者前面所述，"微信"的使用地点环境是多元化的，而"钉钉"更多是在公司工作的情况下使用，所以交互方式有所不同。这里再举一个例子，如图 6-60 所示，"滴滴打车"针对用户使用手机的地点不同，界面的交互方式也会有所不同。具体地说，当司机在用"滴滴打车"接单并招揽客户时，由于使用地点一般是在车上，并且通常将手机吸附于车的中控台之上查看导航，因此按钮及文字也会比乘客端的界面显示得大很多。

图 6-60

除此之外，还有一种非常人性化的场景设计。当我们戴着耳机听歌时，如果拔下耳机，产品会自动停止播放；而当我们用扩音器播放时，再插上耳机，则不会停止播放。这是因为当我们戴着耳机听歌时更多的是在公共场合，而拔下耳机这个行为并不代表我们离开了公共场合，更大的可能是要准备工作了。这个时候如果拔下耳机音乐不暂停，可能会吵到周围的人，而在扩音状态下再插上耳机则不用担心可能会吵到别人的问题。这些细节都可以在很大程度上提升产品的用户体验。

> **提示**
>
> 可用性、易用性及好用性这 3 个阶段，每一个阶段有其需要解决的问题。在具体的产品设计中，用户体验设计师需要根据产品本身的战略规划来制订交互优化策略。

第 7 章

情感化体验

　　情感化体验是用户受产品客观环境的影响所产生的一种主观感受，也是用感性带动心理的体验活动。用户界面是用户和设计师的交流媒介。在界面设计中，设计师首先需要做的是让用户懂得界面的意义或所要传达的内容，其次才是让用户在感官上得到满足。有研究证明，美感在很大程度上影响了用户的交互体验，因此美感在一定程度上是重要的。不过，交互体验的重要性永远大于美感。如果一个产品是基于情感设计的，那么它可以最大限度地获得用户的黏度和忠诚度。

7.1 情感化体验的安全感

安全感就是渴望稳定、安全的心理需求，也属于个人内在的精神需求。安全感是人对可能出现的对身体或心理造成危险或风险的预感，以及人在应对处事时的有力或无力感，主要表现为确定感和可控感。

在互联网产品中，用户信息安全、隐私安全和财产安全无一不提醒着用户小心谨慎地使用互联网产品。在 App 界面设计中，安全感非常重要。一方面，产品的安全是客观存在的，它与产品的系统架构、风控机制和防御机制等系统底层相关；另一方面，安全感是用户使用产品时建立在自己认知基础上对产品是否安全的主观感受，与产品的形态和表现相关。这两者缺一不可，共同构造了用户的安全感。

7.1.1 符合用户的心理预期

诚信是建立用户安全感的前提，而产品也需要诚信。设想一下，如果顾客去店铺买衣服，门口标价全场 99 元，进去发现没有一件衣服低于 200 元，无疑会超出顾客的预期，同时也会失去顾客对店铺的信任。之后，这种安全感是很难重新建立的。所以，在产品设计和运营中，诚信是最基本的要求。

产品的交互与视觉体验也要符合用户的心理预期。风格化是一个很好的记忆点，但在利用创意将产品风格化的时候也需要谨慎。例如，当用户打开一个团购类的产品时心理预期的氛围应该是热闹的，但当进入团购界面之后若发现界面设计给人感觉过于安静，用户就会缺乏安全感。产品的设计要基本符合用户大方向上的心理预期，这是营造安全感最基本的方式之一。

在具体的操作过程中，我们可以注意以下两点。

- **尊重用户的习惯**

尊重用户的习惯在第 5 章曾讲过一部分，这看似是一个很简单的要求，但设计师会经常在这一点上犯错。举一个生活中的例子，我们在使用热水器的时候，习惯了往右拧是冷水，往左拧是热水，这个习惯其实没有更改的必要。然而一些厂商在制造热水器时却忽略了这一点，导致生产出来的产品因不符合用户的使用习惯而使用体验差，也就失去了用户的信任，让用户产生不安全感。

产品设计中类似的问题也有很多，除了前面讲过的下拉刷新之外，其他很多方面也需要符合用户的使用习惯，如右箭头代表跳入新界面，几张卡片叠在一起代表着可以左右滑动，红点代表着有新消息，色块承载文字代表着可以点击等。如果一个产品很多地方的设计都不像用户所习惯的那样，那么这个产品很难让用户拥有安全感，因为每一步操作都要抱着尝试的态度去进行。设计师的创新思维应该是以产品更好用为前提的，这种很有可能让用户出现误操作的视觉与交互尝试是有风险的。如果改动带不来太大的收益，那么不如尊重用户的使用习惯，尤其像"删除"这种敏感性的操作，更要尊重用户的使用习惯。

　　同时需要注意的一点是，不同国家和地区的用户对产品的使用习惯有可能不一样。一般情况下，国外的产品与国内的产品在体验上是有区别的。以"亚马逊"为例，由于我国人口密度高、城市人口多，因此人们平时接触的东西都是信息密度极大的，这种习惯也就延续在了产品设计中，国内的用户更习惯功能多的产品，欧美用户则喜欢简单朴素的产品。如图 7-1 所示，国内版"微博"界面（左图）的内容丰富热闹，信息密度较大；国际版"微博"界面（右图）的留白增多，信息密度变小，这也是尊重本土用户使用习惯的一种表现。

图 7-1

● 降低心理落差

　　正如前面所讲到的一样，如果一个店铺门口促销招牌价格与实际销售价格有很大差异，会让用户失去信任感。当用户使用产品时，推送的广告或反馈的信息与实际描述有很大的出入，用户的心理落差会很大，这种结果会导致用户产生被欺骗的感受，也就对产品没了安全感。例如，当我们在使用外卖类产品（图 7-2 左）时，满减活动是很常见的，有些店铺甚至会有类似"满 20 元减 17 元"这种优惠力度。基于这样的一个心理预期，当我们在点餐的时候，发现餐品的原价比想象的要贵得多，或者优惠之后的价格和优惠前的价格并没有相差多少，这种情况对于用户来说是很难接受的，产生的心理落差也较大。一般来说，用户在享受优惠的过程中关注更多的是结果，而不是优惠了多少。又如，在一些新用户使用招聘类产品（图 7-2 右）的过程中，可能在没有完善简历资料的情况下就会有很多公司主动联系。这看似是一个非常好的情况，然而当用户满怀期待且认真地回复公司信息后，发现并不像预期的那样能收到面试通知，他就会对这个产品保持警惕或产生回避心理，很难再次建立安全感。

图 7-2

7.1.2 不可或缺的提示框

用户虽然很反感弹窗，但是如果因为没有弹窗提醒而造成用户的数据损失或经济损失，这个体验就太差了。针对一些可能给用户带来任何敏感变动的操作，最好是能给予用户明确的提示。

在界面设计过程中，使用提示框要注意以下两个问题。

● 预先告知可能出现的结果

如果用户对于自己进行的操作行为没有心理预期，一旦有什么意料之外的反馈就很容易失去安全感。相反，如果能将即将发生的行为提前反馈给用户，用户就会有很好的体验。如图 7-3 所示，在我们使用"支付宝"转账或提现的时候，一般不会即时到账，然而不提前告知用户多久能到账，就会让用户产生没有目的的等待。即使等待属于正常现象，但久而久之也会让用户失去安全感。为了避免这一点，在"支付宝"提交转账申请后，结果页会给予明确的到账时间提示。

图 7-3

● 避免习得性无助

习得性无助是指一个人经历了失败或挫折后，面对问题时产生的无能为力的心理状态和行为。当一个人将不可控的消极事件或失败结果归因于自身的智力、能力的时候，一种弥散的、无助的和抑郁的状态就会出现，自我评价就会降低，动机也减弱到最低水平，无助感也由此产生。例如，腾讯的工作人员在做某游戏分析时候，发现新用户流失严重，于是把全量用户数据导出，包括用户注册时间、当前经验、等级、最后一次跳出时间及跳出时的事件等数据。统计后发现，某个级别的用户分布比例过大，再看跳出事件，多数集中在某个场景，进行实际的产品体验后发现该场景的设计难度偏大，用户多次尝试也未能通过，对自己的能力产生怀疑，导致其产生了厌烦情绪，造成用户流失。

在用户使用产品时，常常遇到点击某个按钮多次没有反应的情况。这时，我们就会连续多按几次，即便这样是徒劳的，也要去做，这便是习得性无助的表现。用户之所以有这样的表现，是因为按钮本身无效，却没有明确地提示用户发生了什么，到底是网络出了问题，还是产品界面正处于加载的过程中。无论什么情况，用户都要了解接下来应该如何做。因此，在 App 界面设计中，对于边缘性情况，需要给予用户明确的提示和处理办法才行。如图 7-4 所示，用户在用一些内容类产品写文章时，如果由于误操作退了出去，系统除了会自动保存草稿，还会弹出 Toast 提示框进行提醒，避免用户出现紧张的情绪。

图 7-4

7.1.3 安全感需要主动传达

安全感是建立在客观安全基础之上的一种主观感受。如果没有强大的技术支持、缜密的安全策略保障，那么安全感就无从谈起，但也并不是有了好的技术和缜密的安全策略用户就有了安全感。对支付工具或金融类产品而言，安全需求是用户最核心的诉求。之前"支付宝"被质疑"非密码登录模式下可能出现的账户安全风险"，虽然"支付宝"并没有因为所谓的"漏洞"造成用户的资金损失，但造成了用户的强烈不安，导致大量用户解绑银行卡。"支付宝"的账户安全风波发生后，蚂蚁金服的负责人回应称："安全不等于安全感。数据上显示这样找回登录密码的方式是安全的，我们就以为够了，但没有想到，这种方式其实是让不少用户没有安全感的。安全但没安全感，也会出大事。"

● 有效传达安全策略

安全感的建立不仅与主观安全感有关，还与产品本身客观的安全性能有关。而客观的安全性也是需要多传达的，否则用户怎么会知道你的产品是如何保障安全的呢？一般来说，金融类产品的用户安全需求是比较高的。如图7-5所示，"京东金融"App的首页（左图）就传达出产品"安全"的字眼；用户在使用"支付宝"的理财服务的时候，服务界面（右图）会传达直观的安全策略。

图 7-5

● 提高产品的品质感

一个界面混乱复杂的产品和一个界面简洁、导航清晰和风格统一的产品对比，哪个会让人觉得更专业呢？答案显然是后者。有品质感的产品会让用户感觉这个产品出自专业团队之手，就像我们在买家具时，粗糙的做工会让我们感觉做家具的厂商或店家不专业，也不值得我们信任。

产品设计的品质感来源于细节。俗话说"人靠衣服，马靠鞍"，界面视觉设计作为用户感知产品的形式，在专业感的形成上发挥着至关重要的作用。仔细打磨的界面传递给用户的是这个产品的态度。精致的界面视觉设计能够体现出严谨、细心的态度，肯定更能赢得用户的好感。粗糙杂乱的界面设计不免会使人产生不安全感。如图7-6所示，同样都是财经类产品，左边界面给用户的感受就是粗陋、随意和不专业的；右边界面的品质感则显得相对高一些，当用户将视觉形成的感受和产品质量建立关联时，会觉得这个产品更靠谱一些。

图 7-6

发挥品牌效应

品牌效应是最能赋予用户安全感的因素。由于大品牌企业背景雄厚，因此人们对于其产品的质量及服务会更放心，即使大品牌的性价比不是最高的。互联网产品也是如此，品牌背书是获取用户信任感的捷径。我们对产品的信任感很容易建立在对品牌的信任感上。很多产品会通过展示和突出品牌信息来提升用户的信任感。例如，腾讯的产品基本都会加上腾讯或 QQ 的品牌背书（如 "QQ 音乐" "腾讯视频" 等），让用户通过腾讯这个品牌建立信任，如图 7-7 所示。

图 7-7

提示

当然，初创型产品的品牌影响力远不如一线产品，但品牌文化的塑造、品牌的推广与宣传依然是很重要的。

营造安全氛围

在产品设计中，针对用户取钱这种敏感的操作流程，一些细小的设计点就可以向用户传达当前的环境是安全的。如图 7-8 所示，在 "支付宝" 界面中，个人财富这种涉及隐私的信息一般会隐藏起来；在用户进行如输入登录密码等一些比较隐私的操作时，系统会将用户输入的密码用符号代替。

图 7-8

与此同时，界面的颜色也会对用户的安全感产生一定的影响。一般来说，红色给人的感受是不安定的，因此在界面中，红色一般作为提示符出现（如操作失败、操作警示等），而涉及钱款或隐私的信息尽量不要使用红色。相比之下，绿色和蓝色给人的感受是安全、可靠的，因此安全管家类的产品多使用绿色或蓝色营造安全氛围，如图7-9所示。

图 7-9

● 增加互动感与参与感

情感来源于交流，人与人之间若没有交流就很难产生情感。产品设计也是一样，用户希望在产品中看到互动的情景，就算没有在与自己互动也总可以感受到温度。让用户与用户之间或者用户与产品之间多一些互动，有利于建立与培养用户的安全感。近几年来，每到春节，"支付宝"都会有集五福瓜分红包的活动（图7-10左），并鼓励所有的"支付宝"用户参与其中，如此可以让用户有更多的参与感，并增加用户与产品的互动感，也在无形中让产品得到了宣传。"每日优鲜"（图7-10右）经常给产品内的运营位置更换Banner或其他设计元素，目的是让用户随时感觉到产品是"活"的，并且是有专业的团队在运营的，并不一定非要是活动才可以使用Banner，推荐一些好的商品同样可以使用Banner。

图 7-10

7.2 情感化体验的友好感

友好感指亲近友善的感受。当我们受到别人的赏识、喜爱或得到好的评价的时候，自尊心就能得到满足，我们就会对此人产生心理上的接近和好感，因而也就减少了相互的摩擦和人际冲突，为良好的人际交往提供了心理条件。也就是说，友好是双方的，产品只有对用户友好，用户才会对产品产生友好感。

7.2.1 拒绝与"冰冷"的机器交流

人是有感情的，交流的过程是在进行情感的传达。在计算机刚出现的时代，人机交互是非常"冰冷"的，冰冷的机器很难让用户产生友好感。而随着智能设备的普及，人们越来越觉得目前我们使用的这些电子产品更人性化了。

反馈既然都是可以经过设计的，那我们为何不将其设计得更友好一些呢？产品要设计得有趣、幽默，有亲切感，让人感到放松，更易于与用户进行情感交流，这样较容易被接受。

- **幽默感可以让双方更友好**

在产品中加入幽默的元素可以拉近产品与用户之间的距离，但需要注意尺度。图 7-11 所示为当用户滑动到界面底部没有更多内容时的状态。其中，左边界面中的"哥，这回真没了"文案虽然是想幽默地传达没有更多内容了，但是读起来语气中有些不耐烦，容易让用户产生误解；而右边界面中"我是有底线的"文案的幽默尺度更合适，给人一种可爱、易接近的心理感受。

图 7-11

● 以服务者的姿态面对用户

产品是用来服务用户、解决用户需求的。服务态度对于用户印象的影响是极大的，即使界面做得再漂亮，功能再强大，冰冷高傲的沟通方式同样会使用户流失。就像我们去餐厅吃饭一样，服务员拥有好的服务态度能给餐厅整体加分。就像以服务而名声大噪的海底捞火锅，可以说基本座无虚席。互联网产品当然也是可以体现出服务态度的。例如，用户在早些时候加入百度联盟时，百度批准后通常会给用户发一封邮件："百度已经批准你加入百度联盟。"这句话会让人感到有些难受。而如果改为"祝贺您成为百度联盟的会员"就会让人感觉舒服很多，这也算是提升用户体验的一个小细节。如图 7-12 所示，"网易云音乐"的消息通知界面（左图）使用了"云音乐小秘书"的称呼，并配以可爱的人物头像，增强了产品的亲和力；"简书"给消息通知功能取名"简宝玉"（右图），与其沟通更像是人与人的沟通而不是在与冰冷的机器沟通。

图 7-12

7.2.2 营造热点气氛

社会热点事件总能勾起大家的好奇心，因此结合热点做产品设计和运营也值得我们思考。热点事件应该自然地融入产品中，而不是去借势炒作。在运营上通过策划与热点相关的内容、活动和专题等方式，引起用户的关注并提升用户对产品的好感度，可以让产品更吸引用户。

● 记住用户的生日

每一个用户都渴望在生日当天收到祝福。如果在用户生日这天，产品可以给用户送上一些祝福，营造出生日的气氛，会让用户对产品产生好感。如图 7-13 所示，"网易云音乐"在用户生日这天首页第 2 个图标会变成"生日快乐"，点击后会跳入与生日有关的歌单（左图），会让用户感觉这个产品非常懂自己；"QQ"在用户生日时会通知一些好友，好友可以快捷地进行生日祝福（右图）。

图 7-13

● 热点闪屏与热点皮肤

当两个人共同关注一件事情时，这件事情就会联络起两个人的情感，热点也是如此。当人群中有人在讨论一些热点时，周围总会有一样关注这个热点的人加入讨论的队伍。产品也是一样，当用户打开产品，看到自己同样关心的热点时，会感觉这个产品与自己在关心同一件事情，在情感上也会拉近与产品的距离，增加友好感。最常见的形式就是热点启动页与皮肤的设计。如图 7-14 所示，无论是"墨迹天气"在母亲节使用的节日启动页（左图），还是"支付宝"在圣诞节设计的热点皮肤（右图），都可以制造出一些节日气氛。

图 7-14

7.2.3 无障碍设计

无障碍设计强调在科学技术高度发展的现代社会，一切有关人类衣食住行的公共空间环境及各类建筑设施、设备的规划设计，都必须充分考虑具有不同程度的生理缺陷者和正常活动能力衰退者（如老年人）的使用需求，配备能够应答、满足这些需求的服务功能与装置，营造一个充满爱与关怀、切实保障人们安全、方便和舒适的现代生活环境。当然，产品同样具有工具属性，在无障碍设计方面花一些心思，可以极大地提升用户对产品的友好感。无障碍设计不仅能让用户正常地与产品交互，而且能为普通用户提供更好的使用体验。

下面，笔者将针对视觉无障碍设计这个概念进行解析。

视觉障碍主要有两种类型：一类是视力低下造成障碍的人群，依据其视觉障碍程度还可以分为全盲和弱视两种人群；另一类是色觉识别障碍人群，我们通常笼统地称这类人群为"色盲"，也称道尔顿症、色觉缺失、色觉辨认障碍或色弱等。全球约 2 亿人患有色盲，普遍程度甚至高于 AB 血型的人群，他们在识别部分或者全部颜色时有困难。对于色盲用户，推荐的解决方式是不能只依靠颜色传达，还需提供如状态指示和实时响应等信息。如果只用颜色区分，可能会给一些用户造成不便。如图 7-15 所示，在设计选中状态时，同时使用了多种视觉线索传达信息，左图是正常用户眼中的界面，右图是模拟色盲用户眼中的界面，如果加以图形的提示，就可以让色盲用户也可以看得懂。

图 7-15

7.2.4 让用户的意见有处发表

中国有句歇后语叫"哑巴吃黄连——有苦说不出"，常指人有难言之隐，或者受了别人的气又不能说出来，只能自己憋着。在产品体验过程中，若让用户产生这样的感觉，那这个产品就是不友好的，所以在做产品设计时设计师要想到这一点，让用户的意见有处发表。

- **鼓励用户反馈**

　　每个人都希望能发泄自己的不满，倾听者本就很容易让倾诉者产生友好感，如果再能帮助倾诉者解决一些问题就更好了。用户在使用产品的过程中，产品也应该是用户的倾听者，也应充当能为用户解决麻烦的角色。投诉或举报无论在什么类型的产品中都应该存在，并且出现在常用位置。对于用户来说，投诉举报功能是自身权利的一种体现，如果产品没有合理的投诉举报流程，也容易让用户感到习得性无助。如图 7-16 所示，"新浪微博"（左图）中每一条微博内容的右上角都有反馈的功能，让用户可以对每一条引起自身不适的内容进行举报或者屏蔽；"微信"（右图）同样将投诉功能放在了很高的层级，当用户进行投诉时，肯定非常迫切地希望产品是与自己同一战线的，可以对自己的投诉或者反馈进行受理，这样也会提升用户对产品的友好感。

图 7-16

- **利用数据埋点发掘问题**

　　当用户使用产品发现问题时，并不是每一位用户都有耐心去反馈问题，尤其是对于一些初创型的产品，用户基本上是没有耐心的。如果用户在第一次使用产品时出现问题，那么基本上就很少再使用这个产品了。而科学严谨的数据收集和分析，可以辅助用户体验设计师更好地了解用户，让团队少做一些无用功；或者在错误的需求方向上停住脚步，遏制一些异想天开的想法；又或者根据数据的反馈直接了解用户在哪里流失，并且在用户没有反馈的情况下了解到产品流失用户的问题所在。

　　数据埋点可以分成两类。第一类是界面统计。界面统计可以帮我们知晓某个界面被多少人访问了多少次，其本质是监控界面加载的行为。除了访问的人数与次数，也可以检测到用户在某个界面停留的时长，部分产品希望用户在某个界面停留的时间越长越好。典型追求停留时间的产品是信息流产品。用户停留在产品界面表示用户正在持续进行阅读，停留的时间越长表示内容对用户的吸引力越大。另一类是行为统计。行为统计是指用户在界面上的操作行为，应用最广泛的是按钮的点击次数。

通过数据埋点捕捉到的数据有 3 层：第 1 层是基础层，通常指比较通用的数据，如新增等；第 2 层是界面访问；第 3 层是行为统计，也被称为"事件统计"，即通过对界面响应事件的捕捉，得知某个按钮的点击数及对应的点击率。

通过对埋点数据的统计，对用户的操作行为进行数据分析，在没有用户反馈的情况下做到提前优化，可以让用户对产品产生友好感。

7.3 情感化体验的满足感

每个人都有物质和精神需求。如果这种需求得不到满足，那么就不会产生满足感。马斯洛需求层次理论中提到，人们的需求分为 5 个层次，不同层次的人对于满足感的定义是不同的。例如，马斯洛需求层次理论中底层的需求是生理需求，其满足感可能就在于获得了足够的食物和水等。每个人都有不同的满足感，每个人也都有不同的欲望，所以一个好的情感化设计应该让不同的用户产生满足感。

7.3.1 营造用户差异

有差异才会有满足感，产品营造差异其实很早就有设计师在做了。例如，"QQ"会员的特权服务、"英雄联盟"中的英雄皮肤、"爱奇艺"会员等都是为营造出用户的差异，使用户产生满足感。

● 分享成果

用户差异最直观的展现方式就是分享。分享功能除了能实现信息的传递之外，也能让用户得到别人的认可，从而赋予用户满足感。换句话说，分享既满足了马斯洛需求层次理论中的第 3 层级社交需求，也满足了第 4 层级尊重需求。分享应该放大当前用户与其他用户的差异化数据。如图 7-17 所示，"王者荣耀"的每周战报（左图）将用户自身的成就亮点放大，将其他用户的不好表现也放大，赋予用户满足感；"钠镁股票"每周的自选股都会有一次数据统计（右图），不同的成就赋予不同的称号供用户去分享，同样可以使用户获得成就感和满足感。

图 7-17

● 有排名才有竞争

有排名才有竞争，有竞争才有满足感。例如，学生的考试成绩如果仅有分数而没有排名，很难让学生有很强的满足感，即使满分也想看一下班级里到底有几个满分。在产品设计中，满足感更多来源于用户之间的对比。之前火爆微信圈的小程序"跳一跳"就是抓住了用户都喜欢追求满足感的心理，虽然重复性的操作本身很难产生趣味，然而有对比也就有了趣味，即使没有用户之间的排名，仅记录自己上一次的成绩，也可以让用户有超越自己的满足感。当然，等级也是同样的道理。在一些直播平台，礼物买得越多，其用户等级就越高。等级高的用户每次进入直播间都会比较受欢迎。这也是用户达到满足感的一种方式。如果所有用户等级都一样，满足感也就无从体现了。如图 7-18 所示，"微信运动"每天都会有步数排名（左图），并且第 1 名会占领其他用户的封面。很多用户为了达到第 1 名甚至下班之后走路回家，走路过程的满足感便是这个产品赋予的。阿里巴巴最近刚上线了"88VIP"功能（右图），开通之后可以享受阿里旗下大多数产品的会员权益。会员用户跳过"爱奇艺"广告或者下载"虾米音乐"高清音质的音乐时，就会感受到产品赋予他的满足感。

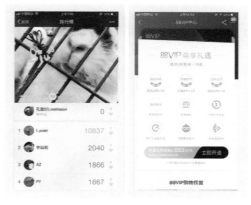

图 7-18

7.3.2 让"免费"有点难度

能轻易得到的东西，人们都不太会珍惜，也不会有很强的满足感。举个生活当中的例子。很多商家在发起一些赠送活动的时候，为什么不直接赠送，而非要采取"1元换购"的方式呢？难道真的是在乎这1元钱吗？很明显并不是。原因是商家们慢慢发现了一个道理，象征性地收取费用，更容易把东西送出去。原因如下：第一，天下没有免费的午餐，如今大家对于免费产品的提防心理越来越重，而如果给予购物者一些门槛就不一样了，这时购物者会认为"这不是送而是低价促销"，也就是我们经常说的"薄利多销"，有了付出会让用户更踏实，也会更有满足感；第二，换购增加了支付环节，支付就需要在店里有更长的停留时间，随之就更有可能了解他们的店铺和商品，并在这个时间里产生其他的购买行为。

在产品设计中，用户同样有这种心理。当然，这个点并不是为了让设计师给用户制造困难，而是在某些情境下适当地增加一些门槛，因为这样可以让用户产生满足感。以阿里巴巴最近推出的"88VIP"功能为例，淘气值达到1000的用户开通会员的价格是88元/年，普通用户则需要888元/年。为什么这中间有约10倍的差距呢？其实这个功能除了给老用户一些回馈之外，设定门槛可以让老用户更有购买的欲望，并且极大地提升成就感与满足感。这种做法虽然看似对于普通用户不太友好，但是并不会造成新用户的流失。因为这个"88VIP"集合了阿里旗下的很多产品，然而真正的会员用户可能连其中的1/5都用不到，所以即使不买也不会有太大的影响。如果不设门槛，所有的用户都花88元，或许用户并不会感到惊喜，反而会感觉很正常；将门槛提升到1000淘气值，就会让达到这个门槛的用户感觉捡到了一个大便宜，能增强老用户的黏性，并且可以让老用户从听音乐到购物、看电影，再到订外卖，都改用阿里旗下的产品。所以，在产品使用过程中，适当地给用户设定一些门槛会达到意想不到的效果。

当然，阿里巴巴的"88VIP"功能针对的目标群体是老用户，产品并没有很明确的战略目标，如果想对所有用户都营造成就感与满足感，就可以将门槛设定得很低。不管多低的门槛，都可以带给用户满足感。例如，在产品推出的活动中给注册过的用户赠送一些小礼物。用户可能对这些礼物并没有期待感和满足感。这个时候，我们可以设定一个不高的门槛，如注册满一个月的用户或者每天坚持浏览多少个帖子的用户才可领取，就会让用户从心理上感觉这个礼物是有价值的，也就得到了满足感。

如图7-19所示，"微博"的用户任务中心有一些小的福利（左图），让用户低门槛地获得一些奖励；"自如"在送出一些小礼物的时候也会设定一些门槛（右图），而不是采取报名之后随即发放的形式。

图 7-19

当然，"饥饿营销"本身也算是给用户设定了一些门槛，告知用户并不是每个人想要就可以有，这样得到的用户也会比较有成就感和满足感。最常见的就是业务类产品中的"限量发售"和"限时抢购"功能。

7.3.3 每一个用户都是特殊的

每个人都有自己的生活习惯、性格特征，我们都不喜欢被别人忽视，因为这样会让人感觉自己失去了独特的价值。用户也是一样，如果一个 App 中所有用户的昵称格式都是一致的，并且只能在有限的几个文字中选择组合，就会让用户缺少专属感和满足感。

● 记住用户的姓名

姓名是代表一个人的符号，无论是荣辱还是成败，姓名都是个人区别于他人的一个重要特征。能把谈话对象的姓名准确无误地叫出来，是对他人的尊重。当一个只见过一面的人甚至陌生人叫到我们名字的时候，亲切感会油然而生，并且获得满足感。这一点在产品中同样可以得到非常好的应用。如图 7-20 所示，当用户在使用"知乎"（左图）或"探探"（右图）发送一些通知消息时，都会在开头加上用户的姓名，这样会让用户有被重视的感觉，且获得满足感。

图 7-20

● **赋予用户专属元素**

一直以来，设计师在很多产品设计中都会有意无意地强调专属感。这样的设计或运营方式可以让用户感觉到产品特别地"懂"自己。这个"懂"字，正是大品牌所具有的一种独特而又不可或缺的重要属性。在传统的认知体系中，专属感意味着稀缺性，一种对稀缺资源的占有，是一个非常狭小的受众群体才能享受到的"特权"，并且往往和"定制""专供"及"限定"等词汇捆绑在一起，因而通常会频繁地出现在奢侈品行业的产品理念和营销推广活动中。在产品设计中，通过视觉设计增加用户专属元素，可以提升用户的专属感，进而产生满足感。如图7-21 所示，用户在"Lark"（左图）中创建账号时，系统会根据用户的名称赋予用户专属头像；"斗鱼"（右图）会给 VIP 用户提供专属的贵族用户名片和专属进场特效。这些细节会让用户感觉这个产品可以彰显自己的独特性。

图 7-21

7.3.4 超越用户的期望值

在产品设计中，如果我们所做的产品是市场上已有的，我们往往会不自觉地参考对方，而给自己的设计造成思维上的局限性。因此，如果我们想让自己设计的产品更有吸引力，一定要让自己的产品与市面上的产品具有差异。而对于新生产品来说，就需要设计师发挥极大的创新能力了，尽量给用户制造惊喜，让产品更具吸引力。

在产品设计中，针对用户的心理影响层面，设计师需要注意以下两个问题。

● **未知让用户充满期待**

设想一下，如果有两家餐厅同时开业，在不考虑价格与口味倾向的前提下，其中有一家是进店消费送一份小蛋糕，而另一家是进店消费即可抽奖，最高可得苹果手机一台。如果是你，你更可能选择哪家餐厅？答案自然是选择后家。其实这就是已知与未知所带来的不同影响。未知有时会增加人们的好奇心，从而对未知充满期待。在产品设计中，同样可以通过"未知"的设计让用户有意想不到的惊喜。如图 7-22 所示，在用户使用"网易云音乐"时，其"每日推荐"板块会根据用户的口味每天随机推荐用户可能会喜欢的歌曲（左图），由于用户没有预期，因此每天推荐给用户的歌曲都会让用户充满惊喜；在用户使用"支付宝"付款之后，都会有随机金额的奖励金或刮刮卡（右图），这种未知的小礼物即使不贵重，也同样可以让用户产生期待，并且给用户带来满足感。

图 7-22

● **产品也可以有"彩蛋"**

"彩蛋"源自西方复活节的"找彩蛋"游戏，寓意为"惊喜"。近年来，很多电影制片方常在电影中加入一些有趣味的情节，或在电影结尾字幕后放上一段为电影续集埋下伏笔的视频，希望能超出观众的预期，从而带给他们惊喜与满足。那么在产品中，我们应当如何设计"彩蛋"呢？这里所说的"彩蛋"其实主要来源于设计师的创新。针对用户经常体验到的场景与交互，即使做得再细致，也很难让用户产生惊喜，因此作为设计师不应该满足于解决用户的需求，在产品能做到高效地解决用户的需求之后，更应该考虑如何利用创新的交互或视觉元素让用户感受到惊喜。其实，在实际生活中，想让用户产生惊喜并不难。正如前面所讲的那样，满足产品的可用性原则可以让用户正常地使用产品，满足产品的易用性原则可以让用户喜欢上产品，而满足产品的好用性原则里的任何一条都会让用户产生惊喜。

如图 7-23 所示，用户在使用"微信"发送"生日快乐"的消息时，系统会在界面中制造一些从天而降的蛋糕效果（左图），虽然这些蛋糕效果不出现也完全不影响产品的实用性，但是这些小的细节可以让用户产生惊喜；在用户使用"QQ 空间"对他人进行点赞时，如果长按会出现一个"蓄力"的效果，待按到一定时间之后，系统会送出一个比正常情况下更大的赞（右图），如此也可以给用户制造一些惊喜。

图 7-23

当然，惊喜产生的核心因素是用户没有预期。当一个创意细节多次出现的时候，也就让用户有了心理预期，惊喜也就不复存在了。因此，在做产品设计的过程中，设计师需要不断地去挖掘创新的交互与视觉元素。只有延迟满足感，用户才会不断地产生满足感。多尝试，多思考，不仅能给用户带来惊喜，还可以给设计师带来满足感。

第 8 章

自我提升

在互联网发展如此迅速的当下，我们每天都需要学习并做到努力提升自己，否则很容易被社会淘汰。作为用户体验设计师，除了需要学习笔者前面所讲的那些知识之外，如何做到自我提升也是非常重要的一点。本章主要分享一些设计师自我提升的方法，目的是让读者能够很好地步入互联网，并且扎根互联网。

8.1 "瓶颈期"该如何突破

"瓶颈期"是指设计师在职业发展过程中遇到了一些困难（障碍），并且感觉到艰难的时期。跨过瓶颈期，就能"更上一层楼"，反之则可能停滞不前。

日常生活中，基本上每一个设计师都会遇到自己的"瓶颈期"，处理得好，便可找到事业发展的突破口，并且取得更大的成功。但是也有很多人在这个时期放弃了突破重围的机会，从而导致职业生涯的搁浅，甚至倒退。其实，人的一生中有很多时候需要我们静下来思考该何去何从，而"瓶颈期"就是这样的一个时间段。"瓶颈"状态的出现，表明事业进行得并不是很顺利，但是这恰恰给你提供了一个最好的反思自己的机会。人的一生都会有波峰和波谷，如果一直都很顺利，没有遇到任何挫折，一旦遇到大风浪，则会更危险，而"瓶颈期"正如波峰和波谷的衔接处。在笔者看来，遇到"瓶颈期"并不可怕，关键在于你是否能从中去反思自己对事业的选择是不是正确，对事业的追求方式是不是恰当。从这个角度来讲，出现"瓶颈"状态不但是正常的，而且对今后事业的发展也是有帮助的。

那么，我们该如何突破"瓶颈期"呢？这里笔者把用户体验设计师会遇到的"瓶颈期"分为 4 个阶段——审美期、洞察期、技法期和思想期，如图 8-1 所示。

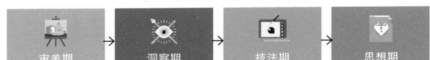

图 8-1

笔者之所以把"瓶颈期"分为这 4 个阶段，是因为每个用户体验设计师都要经历这些阶段。例如，刚入门的设计师的"瓶颈期"问题大多在审美，而这时若一味追求技法，反而不利于设计水平的提升。在每个阶段做该做的事情，会有利于突破"瓶颈"并少走弯路。

8.1.1 审美期

有人认为审美是天生的，其实不然。你所认为的好的，是目前你看过的所有作品里较好的一部分。如果你一直都在浏览 10 年或 5 年前的作品，审美也就会停留在 10 年或 5 年前的水平，那么做出的作品同样会与时代脱节。很多刚入门的设计师对于作品没有一个衡量的标准，不知道什么是好的，什么是俗气的，归根结底还是因为看过的好作品太少，存储不足。这种情况下他就会认为"我感觉自己做得挺好的，可是别人都说不好"。 同时，针对一些从平面设计转行过来的用户体验设计师，如果只用自己平面设计工作的审美去做界面也会出问题，毕竟不同领域的视觉规范和审美标准是有区别的。如图 8-2 所示，我们输出的作品总会与我们阅读过的作品有一些相似之处。

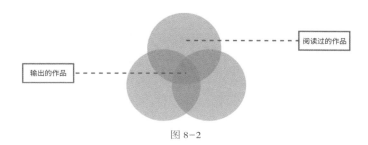

图 8-2

● 好的设计是干净的

好作品最基础的是能做到界面干净整洁。很多刚入门的设计师喜欢看很多酷炫效果融为一体的作品，这是不可取的。其实，偏向技法层面的东西对于没有把控力的初学者来说百害而无一利，一味盲目地去模仿那些看似炫酷的设计，会让自己走入"为了设计而设计"的怪圈。正如笔者前面所讲过的，界面的"脏"与"净"不是单指某个元素，而是元素与元素之间的组合所产生的视觉效果。例如，一张深灰色的纸与一张浅灰色的纸，没有人会说哪张是脏的，若此时在浅灰色纸上叠加一个深灰色的色块，就可能让人感觉纸变脏了。

干净的界面会让设计更有格调与品质感，而干净并不一定代表着"少"，而是在设计界面时能够对界面进行整体把控。

● 好的设计能很快让用户理解

在产品设计中，用户体验设计师的主要职责是让用户感觉到产品是有用、易用且好用的。只有当设计师意识到这一点，所有的设计才会围绕这 3 个原则进行。能让用户很快理解的设计，才是一个好的设计。

调查显示，一般安装产品之后前 3 天的 App 产品平均会流失 77% 的日活跃用户。而对于一些初创型公司的产品而言，容错率是很低的，因为对这类产品用户学习的耐心相比于对稳固型产品会少很多。产品背景不同，要达到的目的不同，处理手法也不同。对于一个新产品而言，一个界面设计得合理与否，用户基本只会用 3~5 秒的时间去体验，因此产品首先要做到的就是让界面清晰易懂。而对于一些稳固型产品来说，在获得巨额用户量之后，产品的发展目标会渐渐往树立品牌调性上进行转移。

同时，一个好用且能让用户快速理解的产品设计是有规律可循的。在产品设计中，设计师要避免在本不该设计的地方过度设计（如将原本该对齐的内容进行错位穿插处理），而是要根据产品基本的交互逻辑和规律来进行。

● 好的设计是规范的

一个好的设计一定是以规范为前提的。即便是一些资深设计师的作品，看似随性，其中也是有很多规矩的。如图 8-3 所示，界面中每一个元素所在的位置与大小都是通过网格规范化的，而不是随意摆放和设计的。

图 8-3

在从事设计工作的初期，如果对设计规范把控不好，就尽量不要对设计做太多的变化，而尽量使其以最原始的方式呈现。同时，在浏览一些作品时，也尽量去找一些设计规范的作品进行参考，设计太过随意和天马行空的作品是不利于设计师学习提升的。

● 好的设计是符合场景的

好的设计作品应该是符合应用场景的。针对这一点，笔者认为其包含以下两层意思：一层是视觉感官上的，另一层是交互体验上的。刚入门的设计师在浏览作品时很少习惯将浏览到的作品进行分类。例如，某个好的设计出现在电商类产品中，其设计优势在于配色上青春洋溢，字体设计上动感而富有活力。那么，当设计师接到一些有类似需求的项目时，就可以参考这样的设计风格，这是基于视觉感官而言的。

如图 8-4 所示，针对一些较为年轻的受众群体，设计风格则需要偏青春洋溢且动感一些，见左图；针对一些年龄稍大的群体，设计风格则可以偏古朴、稳重一些，见右图。

图 8-4

对于很多初学者而言，他们往往痴迷于一些酷炫的交互动效。然而，一个好的交互动效应该是为了更好地解决产品的问题并提升交互效率，而不应该让用户被表面的一些东西所迷惑。例如，当一个界面场景中出现了翻转效果或颗粒扩散效果，设计师需要多去思考其出现到底有没有必要，能否解决具体问题，这一点是基于交互体验而言的。

8.1.2 洞察期

设计师突破了第一个"瓶颈"，意味着审美能力得到了较大的提升。这时候，设计师很容易就能发现自己作品中的不足。但与此同时，设计师又会面临一个新的问题，那就是发现自己的作品不够好，却又不清楚问题具体出在哪里。出现这样问题的原因是设计师的洞察能力还不够。对于设计师的能力提升而言，如果审美期要解决的问题是如何学习他人的作品，那么洞察期则是要学会如何审视自己的作品。

在日常生活中，我们说一个界面设计作品好或者不好不是单指某个元素，而是指界面整体给人的感觉，即通过各个元素之间的对比、融合所形成的视觉交互效果。在设计一个作品时，我们要将大的点分散成小的点去考虑，再从小的点聚合为大的点去审核设计得是否合适。例如，当我们做一个运营类的 H5 界面时，可以先从点线面出发，将装饰元素看作点，文字看作线，背景或实物照片看作面，然后再细化到每个点的装饰元素，并制作出不同的界面效果。经过从大到小细分之后的设计会在整体舒适的原则下更有细节，并且更生动。当完成一个界面的设计之后，再将界面从布局拆分到各个控件，审查设计是否合理，背景是否喧宾夺主，点缀是否舒适，这就是设计的洞察力。

● 从整体到局部，再从局部到整体

在日常生活中，很多设计师会遇到类似"界面很乱而不清楚乱在哪里""界面很闷却不知道是何原因导致的"这样的问题。这时候，设计师需要去找到出现这些问题的根源。如图 8-5 所示，右图展示的即左图中的界面存在的问题。关于这个过程，具体我们可以将其总结为"从整体到局部，再从局部到整体"。这是一种可以快速且有逻辑地发现自己作品的问题并解决问题的方法。

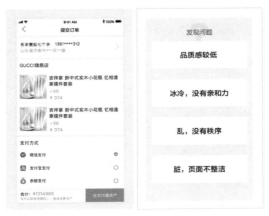

图 8-5

经过以上的问题分析之后，下面来说一下解决这些问题的方法。

首先，从标题栏看，返回箭头的视觉层级过高，甚至高过了界面标题字的层级。解决方法：弱化返回箭头的层级，把视觉较为跳跃的橙色改为深灰色并细化，将标题字加粗处理，提高阅读层级，让界面整体看起来更舒服，如图 8-6 所示。

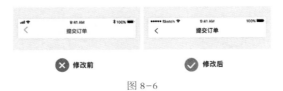

图 8-6

其次，从个人信息板块的展示上来看，没有主次，并且缺少设计感。右侧箭头过粗，显得不够精致。解决方法：调整信息的层级，将右侧的箭头进一步细化，使其变得更精致；在左侧增加点缀，给界面增加一些亲和力与设计感，如图 8-7 所示。

图 8-7

再次，从商品信息板块的展示来看，信息展示过于拥挤且商品信息重复，同时配图质量低，价格字样的玫红色与界面的主题色橙色不符。解决方法：调整店铺名称的字号，并且给店铺增加 Logo 以丰富界面，也从一定程度上增加了产品的亲和力；将数量的显示位置更改到右下角，以平衡卡片内的重量布局；更换高质量的配图；将价格字样的颜色改为橙色，以和界面的主题色相呼应，让画面看起来更整洁，如图 8-8 所示。

图 8-8

最后，从支付信息板块的展示来看，这几个图标的明显区分处理虽然能增强图标的识别性，但是各式各样的图标同样会造成界面的杂乱。同时，在只有 4 个标签的情况下纵向排列也浪费界面空间。解决方法：将支付图标更改为横向排列，并统一处理成圆形，如此可以让界面更统一和有秩序；将人民币符号与数字进行大小区分，弱化阅读障碍的同时可以增加界面细节，如图 8-9 所示。

图 8-9

在修改完细节之后，我们再回到整体去观察界面，看其是否解决了上面发现的问题，同时观察界面元素之间是否和谐统一。这里，我们在没有调整信息与主题色的情况下，只通过拆分元素和局部观察的方法去修改部分细节就可以让界面焕然一新，如图 8-10 所示。

图 8-10

● 试图解释每个元素表达的意义

在进行界面设计时，如果能做到理解界面，并理解自己的设计元素，那么就可以很轻松地找到设计的不足之处，让设计变得合理。在刚开始学习界面设计时，我们可能会遇到很多不易理解的元素，这时可以自己尝试着解释一下，找到充足的理由之后再确定设计。

● 了解用户特点、产品属性和使用场景

有些时候我们在审核自己的作品时，无论怎么观察都发现不了问题，然而在具体上手使用时却总感觉哪里不对。出现这样的情况，不一定是因为界面设计本身出了问题，可能是因为在设计前没有具体了解用户特点、产品属性，以及产品的使用场景，即没有明确当前设计所要达到的目的。目前，很多设计师落地界面时会迷失在技巧之中。界面美不美观暂且不说，没有全面地考虑再设计，待设计稿上线之后，则很难让用户有好的体验。

这里举一个例子。如图 8-11 所示，当我们需要做一个小学在线教育类产品的界面设计时，接到原型后，很多设计师都可以在短时间内做到左图所示的界面效果。这个界面如果不考虑其他因素，只是从视觉层面看其实问题不大，但是若从用户特点、产品属性和使用场景来看，会发现界面的风格过于冷淡。对于小学生来说，学习本来就不是一件有趣的事情，如果想要在这个前提下提起他们的学习兴趣，则不宜将界面表现得过于冷淡。基于以上考虑，我们对这个界面进行修改。首先，界面的配色由大面积的平淡的白色改为饱和度较高的黄色；其次，对标签导航栏中的 4 个图标进行卡通化处理；再次，将文案中的"热门课程"更改为"同学们都在学"，将"请输入关键词"更改为"小朋友～今天想学点什么呢？"，使其更情感化；最后，将搜索栏和底部信息卡片统一更改为圆角样式，使其更具亲和力。更改之后实现了右图所示的效果。

图 8-11

● 了解界面在交互流程中的意义

界面设计与平面设计最大的不同就在于，界面设计针对的是一个由几十个甚至上百个界面所组成的一个完善的交互流程的设计。每一个界面在这个流程中都有自己所要表达的意义，有的意在展示列表内容，有的意在展示列表内的评价内容，还有的意在展现某个操作前的提醒与操作后的反馈。根据不同的表达意义去审核界面是否符合当前流程的用户体验是必要的。

在一个界面设计过程中，如果设计师不考虑界面在这个流程内所处的位置，很容易造成界面虽美观，但意义表达不明确且体验不够人性化的情况。例如，在我们设计一个需要填写复杂信息的纯功能型界面的时候，若给界面配以插图或过多图标点缀会显得不恰当，而如果给界面多一些留白，可以让用户更清晰直观地完成表单填写。

一个产品设计得好与坏不是单看某一个界面，而是需要设计师通过从全局到局部洞察界面的方法进行细节的把控。当设计师真正掌握了这项技能，第 2 个"瓶颈期"也会随之突破。设计师就是一个让自己的作品无限接近完美，却永远也达不到完美的角色。以上说到的洞察方法是相对片面的。在真正的设计工作流程中，则一般是需要设计师经过无数次的调整与尝试才能完成。

8.1.3 技法期

如果说上面两个"瓶颈期"不一定每个设计师都经历过，那么第 3 个阶段几乎是每个设计师都逃不掉的。例如，有很多设计师在设计中会遇到如"为什么我画的这个图标这么丑，别人画的就这么好看？""为什么别人的配色这么令人舒服，我的就这么脏乱？"等问题，而这些都属于技法方面的问题。

软件在某些时候确实是导致设计师的工作进入"瓶颈期"的一个因素。但在此之前，若设计师对版式、配色及细节的处理都没有掌握，也会大大阻碍其能力的突破。而本书主要是为了帮助大家解决技法方面的问题，所以基础的东西就不再赘述了。这一小节主要分析设计师在设计中经常犯的一些错误及应该如何去避免这些问题。

● 调色盘中告别纯黑色

日常生活中，我们通常会将颜色较深且偏向于黑色的颜色看成是黑色。在实际的设计中，我们也很难找到真正的纯黑色。纯黑色是空洞的、不存在任何感情的颜色，在视觉上会让界面中其他的颜色失去竞争力且变得无意义。因此在设计的时候，若需要用黑色填充界面，我们通常习惯用较深的、偏向于黑色的颜色替代纯黑色。

- **慎用衬线体**

在扁平化互联网兴起之前，由于衬线体每个字的笔画有粗有细，在连续阅读时流畅性更好，因此非常受人们青睐。然而，随着扁平化互联网时代到来，设计师们在添加装饰方面变得谨慎起来，尤其大篇幅的文字若使用衬线体反而不利于阅读。因此，如今的互联网产品极少使用衬线体，而很多新手往往喜欢在该简洁的地方强加设计，大面积地使用衬线体，不但无法增加设计感，反而会让界面"负重"。

- **字尽量不要压图**

几年前的网页设计中，字压图的排版方式很常见，然而目前的设计趋势一直在往直观、简洁的调性发展。这时候，字压图的处理方式就显得过于老套了。尤其在界面设计中，字压图的设计会阻碍文本阅读，并且对于选图的限制也会更高。因此，在遇到图文混排的时候，常见的处理方法就是图文分离，如图 8-12 所示。

图 8-12

在设计 Banner 时，似乎避免不了图文相交的情况。这时可以参考"网易云音乐"Banner 的设计，保证图片与文字都能够清晰、干净地呈现，如图 8-13 所示。当然，这里还可以通过给图片添加渐变蒙版，降低图片的亮度、不透明度，或修剪图片留出空白的方法进行处理。

图 8-13

- **明确设计风格**

设计之前就明确设计风格并统一设计元素，可以避免同一界面中出现不同风格的元素，或者同一 App 的不同界面之间风格迥异。这一点在做任何设计时都是需要非常注意的。设计风格与美丑没有绝对的关联，所有的设计风格都是相通的，只要设计师的基本功扎实，时刻记住不要以设计风格本身的美丑为借口即可。

对于产品设计来说，真正复杂的技法反而用得非常少，把这些看似简单的原则记在心里并运用到设计中，可以让产出的作品不会出现设计基础方面的问题。至于如何让作品做到出彩并做出自己的风格，就属于思想期的问题了。

8.1.4 思想期

在日常生活中，很多设计师都遇到过类似这样一些问题："运营就给了我 8 个字的文案，这么大的空间我怎么做？""产品经理不让修改布局，可是内容好挤，我该怎么办？""领导说我这个设计不够'高大上'，我问他该怎么做，喜欢什么样的，他也不告诉我，怎么办？"……这些问题的根本并不在于运营怎么样，也不在于产品经理怎么样，更不在于领导怎么样，归根结底是设计师没有独立思考的能力。如果用 8 个字的文案界面显得太空，可不可以在考虑到用户、使用场景与所要表达的意图后，使用符合意境的插图或者其他与主题相关的元素来填充画面呢？或者可不可以在需要构图点缀的地方使用"假文设计"呢？在没有背离主题的前提下，没有一个领导会拒绝美观的东西。

日常生活中，很多设计师非常抵触概念性的东西，认为其没有意义，这是不应该的。10年之前谁也想不到能有"人脸识别解锁"这个概念，然而今天这个概念却实现了。任何事物都是先有想法与概念再去尝试着落地，如果设计师只看眼前，故步自封，对于自身设计水平的提升是无益的。

- **明确设计的目的**

设计的目的是让用户真切地感受到价值。我们所做的视觉设计也好，交互也罢，最终都是为了让用户真切地感受到价值。外卖产品解决了用户想吃饭却又懒得下楼的痛点，地图产品解决了人们对于交通路线不熟悉的痛点，而电商类产品则解决了人们没有时间逛街却又想购物的痛点。只要在这个范围内，设计师都是可以随意发挥的。

如图 8-14 所示，"微信"加好友不一定非要输入号码，使用"扫一扫"功能（左图）似乎更方便；"美团外卖"（右图）确认用户地址时，会自动定位用户当前的位置；如果需要修改地址，用户可以自行修改。只要能更快、更便捷地满足用户的需求，这个设计就是成功的。

图 8-14

● 商业设计不同于艺术设计

商业设计的出发点是需求，考虑的因素是由使用场景和受众人群引起的风格和造型语意的选择，目的是传达明确的信息，使受众和产品无缝对接。在这里，设计师更像一位为聪明而忙碌的用户做设计的服务者。 而艺术设计是精神世界的投射，是可以不考虑受众的自我表达，是升华到哲学世界的探索。因而，艺术可以从单纯的绘画、音乐走向更多形式。笔者认为，艺术重要的是附载于其中的思想和精神。

在做设计时，我们要在合理的范围内让设计变得美观，而不是一味地追求美的感受。当艺术设计走到极致，能看懂的人越来越少；当商业设计走到极致，能看懂的人却会越来越多，如图 8-15 所示。

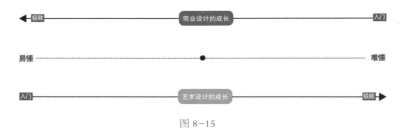

图 8-15

● 多维度思考，让设计有据可依

做一个能独立思考且多维度思考的设计师是很有必要的。对于工作需求，不仅要理解其字面上的意思，更要理解其想达到的目的是什么，这样就可以让自己的设计有据可依。设计师在水平没有达到一个高度之前，尽量不要太过崇尚个人风格。当一个设计师针对不同的产品只能做出一种风格时，说明他的思维已经固化了。需求可以改变设计，不同的需求从不同的设计角度去思考，让设计有据可依。

在产品设计中，设计师不要局限自己的思维，多去思考每个设计要表达的意义，以及每个设计的表现手法所能展现的视觉感受。当能了解到这一点时，设计师就可以做到赋予设计灵魂，并且不再被设计技巧束缚。同一个问题一般不会只有一个解决办法，而我们要做的就是在诸多的解决办法中找到最合适的那一个。多思考，多尝试，设计的成长就是无数次尝试后的茅塞顿开，如图 8-16 所示。

图 8-16

8.2 设计师的气质养成

有时候我们会发现，好的设计师都有其独特的气质。在设计产品的时候，好的设计师总可以把作品的调性和品质体现出来，追本溯源之后发现，除了设计技法之外，总有一些我们理解不到的东西。笔者将从设计技法到设计心理深层次挖掘一个好设计师的气质到底从何而来。

8.2.1 少即是多

"少即是多"这个理念是由德国建筑大师路德维希·密斯·凡德罗（Ludwig Mies Van der Rohe）提出的。但又绝不是简单得像白纸一张，让用户觉得无设计感。一名成熟的设计师，总是会将界面的设计元素安排得恰到好处。

在产品设计中，"少即是多"设计思维方式包含以下 3 种。

● 用最少的元素达到最清晰的表意

当一个人对自己说的话不自信或想要撒谎的时候，总是希望用更多的语言来解释或掩盖事实，这样反而会越描越黑。而一个人对自己的言论有自信时，总是没有多余的描述，每句话都直奔主题。这些理论放到设计中也是一样，当设计师对自己的能力足够自信的时候，总是能用最少的元素清晰地表达出自己的本意。设计的本质是让信息更直观且更优雅地得到传递，只要达到了这个目的，其他元素都会起到反作用。

就像笔者之前讲过的，设计的发展从十几年前到如今，更多的是在做减法，而不是我们想象的那样需要不断地加入新的元素。例如，现代感的设计总是很少见到从前无处不在的字体特效、富有立体感的投影和五花八门的背景图案，其实这是设计发展的必然现象。当我们刚学会一款软件时，总是喜欢把自己所会的软件技法都展现出来，证明自己会这些技法，却可能完全忘记了设计的本质，仅把设计当成了软件技法或其他设计技法的练习。这就是初级设计师与高级设计师的主要差距所在。

● 懂得设计的本质，宁缺毋滥

我们在浏览一个好的设计作品时，总会感觉其干净、清晰，给人以舒适的视觉感受。这是因为设计师懂得设计的本质，通过软件但不局限于软件的技法来让信息更美观、更清晰地传递。当我们将文本设计成奇怪的字体时，或者给分界线添加颜色时，不要忘了问自己一句："这样的设计会让用户用起来更舒服，会让信息传递得更清晰吗？"

设计师总要经历过度设计，才懂得什么是设计的本质。如图 8-17 所示，针对界面中的一些文案信息，有时候我们可能会想着给其添加一些投影以使其突出。但是这里要记住的一点是，好的设计师都会用最少的元素来达到最好的表意。想让文字突出一些可以有很多种处理方法，版式对比就是其中一种，而并不需要添加太多的效果。多尝试不同的方式，以找到一种最简单且效果最好的设计方式。

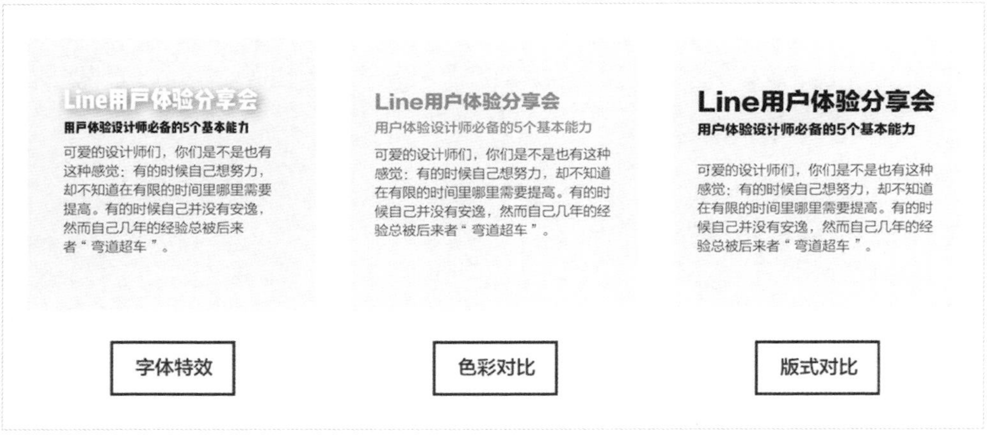

图 8-17

● **版式设计是视觉设计的核心**

基本上所有的设计都离不开版式设计。很多人会说，字体设计对于设计很重要，或者插画对于设计很重要。当然，无论是字体还是图片都是设计中不可或缺的一部分，然而它们都是版式所需的素材。做产品界面时肯定会涉及版式设计。在这个版式中，可能需要用字体设计来增加趣味感，或者需要通过插画来营造画面的氛围。先构图版式，再填充素材，这是一个好的设计师必然要经历的设计过程。很多设计师喜欢在产品界面中植入插画。这样可以产生很好的视觉效果，达到运营的目的。然而，一些界面中的插画反而会阻碍用户阅读信息，并给用户带来不好的体验。因此在产品设计中，我们不要本末倒置地先放素材再构图，太过刻意的元素植入会让本该简洁的界面变得臃肿。一个好的设计师总会在版式需要的地方植入该有的元素。如图 8-18 所示，设计师可以通过插画让版式效果更加丰富和理想，但前提是这个版式中有必要用到插画元素。

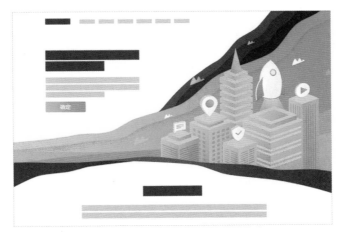

图 8-18

8.2.2 点到为止

关于什么是设计感，或许不同的人有不同的回答，如视觉冲击、交互细腻等。然而一名好的且有气质的产品设计师，往往通过文案的修改就可以营造出好的设计感。

笔者将从以下两个方面来对设计感的正确表现方法进行解析。

● **设计不是记流水账**

初学者喜欢把设计做得面面俱到，就像流水账一样。当我们在看一部电影的时候，精彩的电影绝对不是从头到尾平铺直叙，总有些地方需要观众自己去理解，通过一个简单的镜头或者一句不经意的台词就埋下一个伏笔。

曾经有一份设计师的简历，其内容包括"姓名：XXX""性别：男""能熟练使用的软件：Photoshop、Illustrator、After Effects"……简历无人问津。设计不是流水账，这样的简历根本体现不出设计师的气质，也就无法勾起别人查看简历的兴趣了。如图 8-19 所示，上图流水账一般的叙述完全体现不出设计师的气质，而下图信息传达干净直接，也让界面更具设计感。

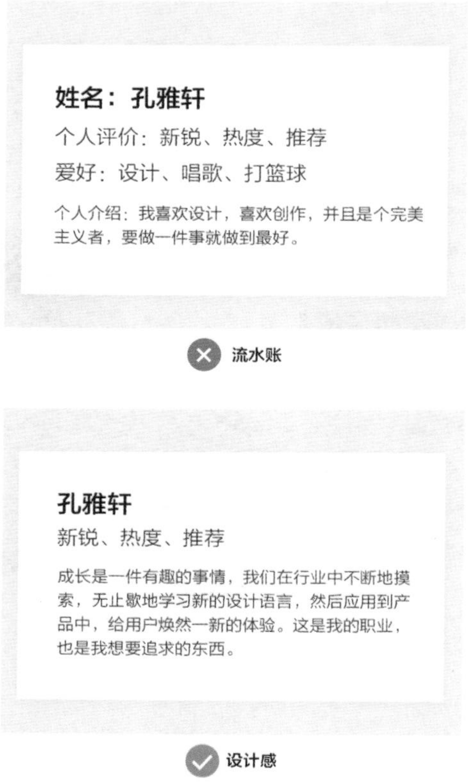

图 8-19

流水账不应该出自设计师之手，设计师的气质应该体现在方方面面。在日常的设计工作中，设计初学者往往喜欢按部就班，而好的设计师总会显得干练、自信，努力尝试创新和突破。

● **木桶定律**

木桶定律是指一只水桶能装多少水取决于它最短的那块木板，如图 8-20 所示。设计也是如此，尤其是在设计师面试展示作品集的时候，多少优秀的作品都挽回不了一个低水平作品给面试官的印象。说到这里，并不是要让大家都变成全能战士，样样精通。其实每个设计师都不是全能的，总有擅长的方向和不擅长的方向。因此，在进行设计时，我们要尽可能地做到扬长避短，懂得自己擅长什么，短板在哪里。一个好的设计师往往都有属于自己的标签，你是字体做得好，还是插画画得好，总要在一个领域树立自己的形象。

图 8-20

8.2.3 设计，我说了算

"你做得很好看，但我们老板不让这么做。""我们老板说让我改成红配绿的风格，这……"首先，信任感是非常重要的，无论在哪里工作，一个好的设计师不仅要拥有扎实的设计功底，更要懂得服务对象的本质需求。在不脱离本质需求的前提下，设计师可以适当地加入一些自己的创意与想法，尽可能把视觉效果或交互效果做好。

关于如何提升自己作品的说服力，在设计趋势迭代如此之快的当下不被行业所淘汰，笔者有以下两点经验与大家分享。

● 了解本质需求，发挥自己所能

我们先试着思考生活中的一个场景：当你去理发店剪发或做造型时，也许你去之前就有自己的想法，应该怎么剪，但是你更希望遇到专业的造型师给你更好的建议，因为相比造型师来说自己的想法还是不那么专业的。如果造型师在服务之前，根据你的需求再去分析一下你的脸形及最适合的风格，或许你就会感觉这个造型师很专业，那么自然就会建立起一份信任感。而相反地，如果造型师完全按你的需求做，你指出一些问题他也只是点头道歉，然后继续修剪，你可能就会很抵触，并产生"你是造型师还是我是造型师"的质疑。

设计也是一样，哪怕刚入门的设计师相比没有做过设计的老板或做代码的同事还是有一些职业优势的。这个时候，如果老板指出什么问题，设计师不敢提出一些有建设性的建议，而是一味地按照老板的想法去做，可以肯定的是老板会对你越来越不信任。在不脱离本质需求的前提下，设计师要充分发挥自己的职业优势。

图 8-21 所示分别为一个小游戏结果界面的原型图（左图）和设计稿（右图）。经过对比可以发现，这两个界面中文字设计有些相似，颜色、结构都经过了重新设计。这是设计师应该做的工作，也是上司希望你去做的工作。

图 8-21

● 冲破思维禁锢，给未来做设计

一个好的设计师喜欢给"未来"做设计，所以一直走在设计的最前沿。即使设计趋势发展得再迅速，也不担心被后来者顶替。这是设计师最应该具备的一种气质，而这种气质只需冲破思维上的禁锢。当然，这里并不是说让大家多做一些"不落地"的设计，而是说在某些工作中或日常练习中可以多去尝试一些新的东西，渐渐地你会发现，设计有时候真的不仅可以是一种职业，还可以是一种爱好。